AirDOC – Aircraft Documentations

World War II Combat Aircraft Photo Archive ADC 007

Heinkel He 111

„Teil 2 – Die P und frühen H Varianten des Standardbombers der Luftwaffe im Zweiten Weltkrieg“

»Part 2 – P and early H variants of the standard bomber aircraft of the Luftwaffe in World War II«

Manfred Griehl

Published by:

[AirDOC]
Aircraft Documentations

Am Weichselgarten 5 – 91058 Erlangen – Germany
e-mail: andreasklein@airdoc.eu

Printed in Germany by Laub GmbH & Co. KG – Elztal-Dallau

ISBN 978-3-935687-46-1

We are interested in hearing from authors with book suggestions on related topics.
Wir hören gerne von Autoren mit fertigen Manuskripten oder Buchideen.

Heinkel He 111

English

Under the project management of Siegfried Günter and the significant contribution of Karl Schwärzler, as head of the Heinkel construction office, an extremely shapely low-wing aircraft with elliptical wings and an elegant appearance emerged by the end of 1932.

After several trials with early series aircraft, all of which had the stepped cockpit feature, it was He 111 V8 (D-AQUO, WerkNr. 1664)(a He 111B-1 conversion) that was tested with a completely redesigned forward fuselage. The aircraft received a completely glazed nose and commenced flying trials in April 1937. The prototype was powered by two DB 600C engines and evaluated at Rechlin.

He 111 V9 D-AIZU (WerkNr. 1807) was similar to V8, but with a fully equipped forward cabin section. This prototype was also equipped with the relatively low-powered DB 600C engines. The He 111 V10, a B-0 (WerkNr. 1437) was flown with two DB 601 engines and a test installation of the ETC 500. In the summer of 1936, the V11 (WerkNr. 1432), with DB 600 engines, was also used as an evaluation aircraft. The He 111 V12 also had the same engine layout as the V11 but with new improved wings. He 111 V13 (WerkNr. 1438) and V14 (WerkNr. 1436) followed as additional trial aircraft. He 111 V15 (WerkNr. 1433) was used to test the installation of permanent equipment. The two additional test aircraft, He 111 V16 and V17, were probably not built. The summary of the trial aircraft on January 10 noted the next aircraft as He 111 V18 (WerkNr. 1003, DB 600), V19 B-1 with DB 600C engines and He 111 V21 (WerkNr. 1441) tested additional Flettner ailerons. The He 111 V22 (WerkNr. 2314) was an auxiliary reconnaissance aircraft based on the He 111B-1. Internal weapons racks were replaced with a camera system and additional fuel tanks. The He 111 V23 (B-1, WerkNr. 2343) evaluated the ventral tub as well as an improved heating system.

The planned large-scale production of the DB 601 engines was in high demand for usage in single engined Messerschmitt fighters. It became evident that the He 111 P production would only serve as a stopgap until the appearance of the He 111 H. As test aircraft for the He 111 H, the fuselage of He 111 V5 (WerkNr. 1140) as well as the V6 (WerkNr. 1434) were modified accordingly from the P standards. After leaving the prototype construction shop in February 1938, both were used for flight-testing of the Jumo 211 in-line engines. The He 111 V7 (D-AUKY, WerkNr. 1808) served as a prototype for the H-model series.

Both the He 111 P and H, were intended by the RLM as interim solutions for the Luftwaffe, until the RLM-favored and dive bombing capable Ju 88 A-1 could be produced in large numbers. The end of the He 111 production thus, seemed foreseeable, as the dive-bombing capability of medium bombers was the favored solution to achieve the hits that were impossible to achieve in horizontal flight.

The P and H models were, from 1941, considered obsolete and of limited use as their performance compared less and less favorably to the enemy aircraft encountered. Although the production rate of the Ju 88, which was intended as the main Luftwaffe bomber, the He 111 H remained important as it went through various combat efficiency enhancing programs. The further development was done in several stages with continuous improvements of the bomb dropping, radio and engine systems as well as enhanced defensive armament and equipment of the operational versions:

Year	Model	Cockpit shape	Engines
1938	He 111 P	fully glazed	DB 601A
1939	He 111D	fully glazed	DB 601A

Deutsch

Unter der Projektleitung von Siegfried Günter – sowie dank der maßgeblichen Mitwirkung von Karl Schwärzler, als dem verantwortlichen Leiter des Heinkel-Konstruktionsbüros – war ab Ende 1932 ein überaus formschöner Tiefdecker mit elliptischen Tragflächen und einer eleganten Linienführung entstanden.

Nach etlichen Versuchsmustern und frühen Serienausführungen, die alle über eine Stufenkanzel verfügten, kam es mit der He 111 V8 (D-AQUO, WerkNr. 1664) erstmals zur Erprobung einer völlig neuen Bugform. Hierbei handelte es sich um den Umbau einer He 111 B-1. Die Mustermaschine erhielt erstmals eine vollständig verglaste Kanzel und wurde ab April 1937 eingeflogen.

Der Prototyp wurde von zwei DB 600 C-Motoren angetrieben und sollte im Anschluss in Rechlin erprobt werden. Da es im Flug Schwingungsprobleme gab, musste dieser Teil der Erprobung vorerst zurückgestellt werden.

Die nachfolgende He 111 V9 D-AIZU, (WerkNr. 1807) glich dem achten Baumuster, wies aber eine vollständig ausgerüstete vordere Kabinensektion auf. Auch dieser Prototyp war noch mit den relativ schwachen DB 600 C ausgerüstet worden. Die He 111 V10, eine B-0 (WerkNr. 1437) wurde dagegen als Versuchsträger mit zwei DB 601 geflogen und war versuchsweise mit dem ETC 500 ausgerüstet. Als Musterflugzeug bei Heinkel war im Sommer 1936 die V11 (WerkNr. 1432) mit DB 600-Motoren als Versuchsmaschine im Erprobungseinsatz. Auch die He 111 V12 (WerkNr. 1435) besaß die Triebwerkausstattung der V11, jedoch neue, konstruktiv verbesserte Tragflächen. Als weitere Erprobungsmuster flogen außerdem die He 111 V13 (WerkNr. 1438) und V14 (WerkNr. 1436). Die He 111 V15 (WerkNr. 1433) diente vornehmlich der Erprobung der ständigen Ausrüstung. Die beiden Versuchsmuster He 111 V16 und V17 wurden vermutlich nicht gebaut. Die Übersicht über die Erprobungsmuster vom 01.10.1937 weist als nächstes Musterflugzeug die He 111 V18 (WerkNr. 1003, DB 600) und dann die V19, eine B-1 mit DB 600 C-Motoren, aus. Als Versuchsmuster mit zusätzlichen Flettner-Querrudern wurde die He 111 V21 (WerkNr. 1441) getestet.

Die He 111 V22 (WerkNr. 2314) stellte einen Behelfs-Erkunder dar, der auf der He 111 B-1 aufbaute und bei dem die im Rumpf installierte Abwurfwaffenanlage durch eine Reihenbildanlage sowie zusätzliche Treibstofftanks ersetzt worden war. Mit der He 111 V23 (B-1, WerkNr. 2343) wurde sowohl die Liege-Bodenwanne sowie eine verbesserte Heizungsanlage praktisch erprobt.

Da die für die Großserie geplanten DB 601-Motoren vordringlich für die Verwendung bei einsitzigen Messerschmitt-Jägern benötigt wurden, zeichnete sich schnell ab, dass die Ausführung He 111 P nur als Lückenfüller bis zum Erscheinen der Baureihe He 111 H dienen musste.

Als Musterflugzeuge für die He 111 H, deren Zelle der Ausführung P weitestgehend entsprach, diente die entsprechend umgebaute He 111 V5 (WerkNr. 1140) sowie die V6 (WerkNr. 1434). Die Maschinen waren mit der von der P-Version bereits bekannten Kanzel ausgerüstet worden und dienten nach Verlassen des Musterbaus, im Februar 1938, der fliegerischen Erprobung mit Jumo 211-Reihenmotoren. Als Vorläufer für die H-Serie diente die He 111 V7 (D-AUKY, WerkNr. 1808).

Beide Ausführungen, also die He 111 P und H, sollten nach dem Willen des RLM nur als Übergangslösung dienen, bis die dort favorisierte, sturzflugfähige Ju 88 A-1 in großen Stückzahlen die Fertigung verlassen würde. Da man gerade in der Sturzflugfähigkeit mittlerer Kampfflugzeuge die Lösung sah, die im Horizontalflug nicht erreichbaren Treffer zu erzielen, schien das Ende der He 111-Produktion absehbar zu sein.

Die Maschinen galten spätestens ab 1941 als veraltet und für den Einsatz nur bedingt geeignet, da die Leistungen im Vergleich zu den gegnerischen Baumustern immer mehr abnahmen. Obwohl die Produktion der Ju 88 immer größeren Umfang annahm, blieb es dennoch bei der He 111 H, die, wie man es heute ausdrücken würde, mehrere Kampfwertsteigerungen durchlief. Die weitere Entwicklung verlief daher in etlichen Stufen, wobei die stetige Verbesserung von Abwurf-, FT- und Triebwerkslage, aber auch eine immer mehr verstärkte Defensivbewaffnung die Ausrüstung und Ausstattung der Einsatzvarianten bestimmte:

1939	He 111 H-1/2	fully glazed	Jumo 211A
1939	He 111 H-3/4	fully glazed	Jumo 211D
1940	He 111 H-5	fully glazed	Jumo 211D
1941	He 111 H-6	fully glazed	Jumo 211F
1942	He 111 H-11	fully glazed	Jumo 211F
1943	He 111 H-16	fully glazed	Jumo 211F
1944	He 111 H-20	fully glazed	Jumo 211F/N

A total of 834 He 111 P aircraft were built by Heinkel at Rostock-Marienehe and by the Norddeutsche Dornier Flugzeugwerke (NDW) at nearby Wismar. Until the summer of 1940, the He 111 H was also built under license at the Arado plant in Brandenburg near Berlin, ATG in Leipzig and by the new Heinkel factory in Oranienburg. Only the He 111 H remained in production in Rostock, as He 111 production was scaled back, due to increased demand for other aircraft types. Following 560 H-5 aircraft, production switched to He 111 H-6, followed by H-11, H-16 and H-20. With about 6,000 production examples, the H-version was the most important model.

This second part of the photo documentation deals mainly with the He 111 P-1 to P-9, as well as the many differently equipped series aircraft up to the He 111 H-6.

Series Production of the He 111 with Fully Glazed Cockpit – He 111 P

Initially all variants of the He 111 P-1 were equipped with two DB 601A in-line engines, which had replaced the DB 600 in March 1937. These injection engines are easily recognizable by the intake on the starboard side. The 12-cylinder in-line engine had a gear reduction of 1:1.55, with take-off power rated at 883 kW (1,200 hp). Later, some DB 601 engines rated at 980 kW (1,300 hp) were installed. In comparison to the DB 600 equipped test aircraft, the He 111 P series had a remarkably better performance. This was urgently needed as the performance of the opposing fighters was markedly better after biplanes (i.e. Gloster Gladiator) had been replaced by modern all-metal monoplanes.

He 111 P-1

The first version of the P-series had been developed in late 1935. The Heinkel-Works in Rostock had been involved with the prototype design of an asymmetrical fully glazed cockpit for some time. After numerous wind tunnel and assembly tests, it was concluded that this new cockpit layout offered essential advantages. Apart from the improved working conditions for the pilot and the observer, the forward and side visibility were considerably improved.

After acceptance of the wooden full-scale mock-up of the forward fuselage by the RLM, the He 111 V8 D-AQUO was flown in this configuration in April 1937. The subsequent testing and delivery to the Rechlin test centre was delayed because of sudden oscillations. Fuselage and equipment were the same as the He 111 H-1, but was powered by Daimler-Benz in-line engines instead of the two Jumo 211 engines.

Initially, the first pre-series aircraft (P-0) employed two DB 600G engines which were replaced with a pair of DB 601Aa engines in 1938. The first variant of the P-series differed from the He 111B, F and J, with a new retractable cowling and a hydraulically retractable main gear. As a test for the planned development of the He 111 P-1, a trial aircraft was evaluated with a new C-mount (lower defensive armament). The ventral tub could be equipped with a MG 15, offering a good field of fire to the lower aft and sides. The new A-mount with its new swiveling Ikaria-mount relocated to the right, also offered a good field of fire to both sides. The fully glazed, larger cockpit also allowed easier operation of the nose armament. The observer sat to the right of the pilot and doubled as the nose gunner.

One disadvantage common to both the first He 111 P as well as the early H models, was that the droppable load was

Baujahr	Baureihe	Kanzelform	Triebwerk
1938	He 111 P	Vollsichtkanzel	DB 601 A
1939	He 111 D	Vollsichtkanzel	DB 601 A
1939	He 111 H-1/2	Vollsichtkanzel	Jumo 211 A
1939	He 111 H-3/4	Vollsichtkanzel	Jumo 211 D
1940	He 111 H-5	Vollsichtkanzel	Jumo 211 D
1941	He 111 H-6	Vollsichtkanzel	Jumo 211 F
1942	He 111 H-11	Vollsichtkanzel	Jumo 211 F
1943	He 111 H-16	Vollsichtkanzel	Jumo 211 F
1944	He 111 H-20	Vollsichtkanzel	Jumo 211 F/ N

Von der He 111 P wurden insgesamt 834 Maschinen bei Heinkel im Werk Rostock-Marienehe sowie bei den Norddeutschen Dornier Flugzeugwerken (NDW) im nahen Wismar gebaut. Bis zum Sommer des Jahres 1940 lief außerdem die Fertigung der He 111 H sowohl im Arado-Werk in Brandenburg bei Berlin, bei ATG in Leipzig sowie beim neuen Heinkel-Werk in Oranienburg im Rahmen der Lizenzfertigung. Nachdem die Fertigung der He 111 zugunsten anderer Einsatzmuster immer mehr heruntergefahren wurde, blieb schließlich nur die Produktion der He 111 H in Rostock übrig. Nach 560 H-5 begann die Herstellung der He 111 H-6, der wiederum die H-11, H-16 und H-20 folgten. Mit etwa 6.000 H-Maschinen stellten diese Baureihen die wichtigsten der gesamten He 111-Produktion dar.

Nach den Maschinen mit Stufenkanzel, widmet sich daher der zweite Teil unserer Foto-Dokumentation vor allem der He 111 P-1 bis P-9 sowie den vielen unterschiedlich ausgerüsteten Serienmaschinen bis hin zur He 111 H-6.

Die Serienmuster der He 111 mit Vollsichtkanzel – He 111 P

Anfangs sollten alle Varianten der He 111 P-1 mit jeweils zwei DB 601 A-Reihenmotoren ausgerüstet werden. Im Vergleich zum DB 600, dessen Serienauslieferung im Januar 1935 begann, war der DB 601 A erst ab März 1937 verfügbar. Diese Einspritzer-Motoren sind gut an dem in Flugrichtung rechts des Triebwerks sitzenden Einlauf zu erkennen. Der 12-Zylinder-Reihenmotor besaß eine Untersetzung von 1 : 1,55. Die Startleistung betrug etwa 883 kW (1.200 PS). Später kamen zuweilen auch DB 601 mit Einheitsverstellgerät und einer Leistung von 980 kW (1.300 PS) zum Einbau. Auf Grund der im Vergleich zur Ausstattung von Versuchsmustern mit dem DB 600, wies die serienmäßige He 111 P ein beträchtlich höheres Leistungsspektrum auf. Dies war umso notwendiger, da zwischenzeitlich auch die Leistungen der gegnerischen Jagdmaschinen merklich gestiegen waren, nachdem überall die bisherigen Doppeldecker durch moderne Eindecker in Ganzmetallbauweise ersetzt worden waren.

He 111 P-1

Die erste Ausführung der Bauserie P war ab Ende 1935 entstanden. Die Heinkel-Werke in Rostock hatten sich mit dem markanten Entwurf einer asymmetrischen Vollsichtkanzel für die He 111 schon früher beschäftigt und waren nach zahlreichen Windkanalversuchen und Einbaustudien zu der Erkenntnis gelangt, dass die neue Kabinenanordnung wesentliche Vorteile mit sich bringen würde. Außer der Verbesserung der Arbeitsbedingungen für Piloten und Beobachter, fielen vor allem die Sichtverhältnisse nach vorne und den Seiten günstiger aus, als dies bei der Stufenkanzel der Fall gewesen war. Nach der Abnahme der bei Heinkel in Holzbauweise erstellten 1:1 großen Attrappe des vorderen Rumpfteils durch das RLM wurde die D-AQUO zur He 111 V8 und als solche im April 1937 eingeflogen. Wegen Problemen mit plötzlich auftretenden Schwingungen verzögerte sich die anschließende Erprobung und damit eine schnelle Abgabe an die E-Stelle Rechlin. Die künftigen Maschinen entsprachen hinsichtlich der Zelle und der Ausrüstung der He 111 H-1, sollten nicht mit zwei Jumo 211, sondern mit Daimler-Benz-Reihenmotoren ausgerüstet werden.

Die erste Nullserienmaschine (P-0) erhielt zunächst eine aus zwei DB 600 G bestehende Motorenanlage, die 1938 auf DB 601 Aa-Triebwerke abgeändert wurde, da diese Motoranordnung leistungsfähiger war. Zusätzlich unterschied sich die erste Ausführung der P-Serie von der He 111 B, F und J durch neue Einziehkühler und ein hydraulisch ein- und ausfahrbares Hauptfahrwerk. Als Vorversuch für die geplante Entwicklung der He 111 P-1 wurde ein Versuchsmuster mit dem neuen C-Stand erprobt. Die unter dem Rumpf abgebrachte Bodenwanne konnte mit einem MG 15 bestückt werden und bot nach restricted to cylindrical bombs of up to a maximum of 250 kg. The bombs were stacked in the central fuselage in eight horizontal bomb racks. This dropping system was tested with He 111 V14, a B-0 rebuilt aircraft. Later this restricting feature was solved with the additional external load pylons on the lower fuselage.

Production of the first series aircraft with DB 601Aa engines commenced in Rostock-Marienehe in the fall of 1938. The construction of a new modern plant, with its own adjacent airfield near Warnow, offered all the amities for speedy delivery of the new bombers.

Despite the experiences in Spain, the defensive armament still consisted of only three MG 15. The very agile opposing fighters encountered showed that the then relatively fast He 111 could get into trouble easily once confronted with a numerically superior enemy. The spacious fuselage of the He 111 offered enough room to correct this deficiency in future versions.

The top speed of the He 111 P-1 was slightly slower than that of the last He 111 production versions with the stepped cockpit. With a take-off weight of 12,700 kg, the maximum speed was 395 km/h at best, compared to 400 km/h of the He 111F-4. The He 111 P could easily carry a bomb load of 2,000 kg, consisting of up to eight SC 250s, over a distance of 2,600 km. This gave an action radius of about 1,200 km, which was sufficient for tactical missions. The first series aircraft came off the production line in early 1939 and was delivered to the Kampfgruppen of the Luftwaffe. By late 1939, a total of 349 He 111 P were in bomber wing inventories.

He 111 P-2

The improved version He 111 P-2 started to supplement the P-1 in early summer 1939. As noted above, the armament consisted of only three light MG 15. After the outbreak of hostilities, the armament, as with the P-1 and the early He 111 H-1 and H-2 gradually increased with different field modification kits, mainly by adding weapon positions to the fuselage sides. The armament installation of the P-2 also consisted only of the ESAC vertical fuselage bomb racks. As in the P-1, this restricted the individual load to only 250 kg. The radio equipment was changed to the FuG IIIaU and later replaced by FuG X. The former radio was a short-wave station that had been developed for larger aircraft and together with the PeilG 5 and FuB 1, enabling navigation and the communication to ground stations and within the formation. The FuG X, also known as FuG 10 "Gustav", was built by Lorenz and had either a PeilG 5 or 6 and a FuBl 1 or 2.

The He 111 P-1 had an empty weight of almost 6,600 kg and a loaded weight of 12,710 kg. During its service life, the loaded weight increased slightly, due to the reinforced armament modifications and a increased ammunition load for the guns. In common with the P-1, the aircraft were initially equipped with two DB 601Aa engines, which were later replaced during production and retro fitted by the slightly more powerful DB 601A-1 in-line engines.

He 111 P-3

Eight examples of earlier production P-1 and P-2 were converted to dual-control He 111 P-3 trainers, without bomb racks. Due to continuing losses, all surviving trainers were reconfigured as level-flight bombers.

He 111 P-4

The P-4 version, the direct predecessor of the He 111 H-4, was developed as a level-flight bomber and saw service with all bomber wings of the Luftwaffe. The P-4 introduced the Jumo 211D engines in place of the DB 601A-1. The new aircraft increasingly replaced the P-1 and P-2 bombers starting in the fall of 1939. Instead of the 2 x 4 ESAC 250/IX verti-

hinten unten und zur Seite ein gutes Schussfeld. Der neue A-Stand bot, mit seiner nach steuerbord verlagerten, drehbaren Ikaria-Lafette ebenfalls Platz für ein MG 15. Die räumlich größere Glaskanzel erleichterte darüber hinaus die Bedienung der nach vorne gerichteten Bewaffnung. Als Bordschütze fungierte hier der Beobachter, der rechts des Piloten seinen Platz hatte.

Einen Nachteil wiesen sowohl die ersten He 111 P, als auch die frühen H-Maschinen auf. Ihre Abwurfbewaffnung erlaubte vorerst nur die Verwendung von zylindrischen Bomben von einer Masse bis zu maximal 250 kg. Diese konnten im mittleren Rumpf in bis zu acht Horizontalmagazinen untergebracht wurden. Eine solche Abwurfanlage wurde erstmals bei der He 111 V14, einer entsprechend umgebauten B-0, praktisch erprobt.

Ab Herbst 1938 lief die Herstellung der ersten Serienflugzeuge mit DB 601 Aa-Motoren in Rostock-Marienehe an. Das dort entstandene moderne Montagewerk mit eigenem Werkflugplatz in der Nähe der Warnow bot alle Möglichkeiten für eine rasche Auslieferung des neuen Bombers. Trotz der Erfahrungen in Spanien blieb es vorläufig bei nur drei MG 15 als Defensivbewaffnung. Die zuweilen dort in größerer Anzahl aufgetretenen, überaus wendigen Jagdmaschinen hatten gezeigt, dass selbst Maschinen wie die damals vergleichsweise schnelle He 111 rasch in Bedrängnis geraten konnten, falls man einem zahlenmäßig überlegenen Gegner gegenüber stand. Die Zelle der He 111 P bot jedoch genügend Raum, diesem Missstand bei den folgenden Ausführungen zu beseitigen.

Die Flugleistungen der He 111 P-1 lagen in puncto Höchstgeschwindigkeit leicht unter denen der letzten mit Stufenkanzel zur Auslieferung gelangten He 111-Varianten. Bei einer Startmasse von 12.700 kg betrug die Höchstgeschwindigkeit allenfalls 395 km/h gegenüber 400 km/h bei der He 111 F-4. Dagegen war die He 111 P leicht in der Lage, eine Bombenlast von 2.000 kg, bestehend aus bis zu acht SC 250 über eine Strecke von 2.600 km zu transportieren. Somit lag die Eindringtiefe bei etwa 1.200 km, was für den taktischen Einsatz innerhalb räumlich begrenzter Kriegsschauplätze durchaus genügte. Die ersten Serienflugzeuge verließen Anfang 1939 die Produktion und kamen anschließend zur Auslieferung der erste Flugzeuge an die Kampfgruppen der Luftwaffe. Bis Ende August 1939 befanden sich insgesamt 349 He 111 P bei den Kampfgeschwadern.

He 111 P-2

Die verbesserte Ausführung He 111 P-2 begann bereits im Sommer 1939 die bisherige P-1-Ausführung abzulösen. Die Bewaffnung bestand weiterhin lediglich aus drei leichten MG 15. Bald nach Beginn des Krieges wurde die Waffenanlage, wie auch bei der P-1 sowie den frühen He 111 H-1 und H-2, schrittweise, mittels verschiedener Rüstsätze, durch zusätzliche Waffen, vor allem in der linken und rechten Rumpfseite maßgeblich verstärkt. Auch die Abwurfbewaffnung der He 111 P-2 bestand nur aus den im Rumpf angebrachten ESAC-Vertikalmagazinen. Diese beschränkten die Einzellasten vorläufig – wie bei der P-1 – auf nur 250 kg.

Der wesentliche Unterschied zur P-1 bestand in einer Änderung im Bereich der Funkausrüstung (FT-Anlage). Anstelle des bisherigen Funkgeräts (FuG) III aU wurde von nun an ein FuG X installiert. Bei der ersten Anlage handelte es sich um eine Kurzwellenstation, die für den Einbau in größere Flugzeuge entwickelt worden war und mit dem PeilG 5 sowie dem FuBl 1 für gute Navigations- und Sprechmöglichkeiten mit der Bodenstation und zum fliegenden Verband sorgte.

Das FuG X , auch als FuG 10 "Gustav" bezeichnet, wurde von der Firma Lorenz hergestellt und wies entweder ein PeilG 5 oder 6 sowie ein FuBl 1 oder 2 auf. Die unbeladene He 111 P-2 wog knapp 6.600 kg und hatte eine Flugmasse von 12.710 kg. Die Flugmasse stieg im Lauf der Einsatzzeit infolge der verstärkten Bewaffnung sowie infolge eines größeren Munitionsvorrats für die Bordwaffen ab 1940 leicht an. Die Maschinen waren anfangs – wie auch die He 111 P-1 – mit zwei DB 601 Aa ausgerüstet, die später gegen die ein wenig stärkeren Reihenmotoren der Version DB 601 A-1 ausgetauscht wurden.

He 111 P-3

Von der He 111 P-3 gelangten nur acht Exemplare – als Schulmaschinen mit Doppelsteuer – zur Auslieferung an die Luftwaffe. Die P-3 wurde ohne Abwurfanlage fertiggestellt. Da es infolge der inzwischen eingetretenen Verluste später an Einsatzmaschinen fehlte, wurden die Schulflugzeuge wieder auf den Verwendungszweck Horizontalbomber zurückgerüstet. Es handelte sich im Gegensatz zu den Vorgängern cal bomb racks it was possible to carry heavy external loads attached on two PVC 1006 L bomb racks or alternatively on only one off-centered PVC rack and in four ESAC racks within the fuselage. When the four internal vertical racks were removed, an 835 l auxiliary fuel tank and a 120 l oil tank could be installed. The maximum take-off weight was limited to 13,500 kg, as the existing landing gear was not designed for heavier loads.

Initially the defensive armament of three MG 15 was as per the He 111 P-2. As operational losses increased, trials were initiated with He 111 V25 to increase defensive armament. Tests included the installation of a fixed MG 17 in the rear fuselage, a moveable MG FF in the A-mount firing forward and an additional MG 15 in the C-mount located in the ventral gondola. The 1941 specification consisted of six MG 15 and one MG 17. The initially planned MG FF was not used in the He 111 P-4 but was only installed commencing with the fifth version of the H-model. The increase of gun installations and the additional crewmember, increased weight. The surviving He 111 P-4 aircraft were relegated to training roles as the more modern He 111 H version were introduced to front line bomber units within the Luftwaffe.

He 111 P-5

The He 111 P-5 was new-build, dual-control pilot trainer, based on the P-2. These were noted as unarmed and generally, had the internal racks removed to save weight, thus fuel. According to factory information only 24 He 111 P-5 trainers were built, with some later converted to level-flight bombers with two PVC racks.

He 111 P-6

The He 111 P-6 only differed from the previous P-5 model, by the use of the two DB 601N in-line engines with 865 kW (1,175 hp) each. This engine was in great demand for Bf 109E production, thus only ten examples were completed. When the engines reached the end of service life, the remaining aircraft were converted to Jumo 211A-1 engines as used on the He 111 H. The He 111 P-6 generally used 2 x 4 ESAC vertical bomb racks installed in the fuselage. The lack of external load capability, combined with the increased engine power was supposed to have resulted in a better performance and operational results.

He 111 P-7

The He 111 P-7 is presumed to have been a planned trainer version based on converted P-4 and P-5 aircraft.

He 111 P-8

The He 111 P-8 was planned as a dual-control trainer version equipped with DB 601A-1 engines. The P-8 variant aircraft were converted from the surviving P-5 aircraft, although it is unknown if any more aircraft were completed apart from the test aircraft.

He 111 P-9

The He 111 P-9 was a planned export version for Hungary based on the He 111 P-4 airframe. These aircraft were not transferred, as the aircraft were urgently needed as target tugs for the Luftwaffe.

He 111 H

The second major version of the He 111, with a fully glazed front fuselage was the H-model. As already mentioned the Jumo 211A engines with variable-pitch VDM-propellers, were installed in place of the DB 601, as used in the P-models

P-1 und P-2 nicht um Neubauflugzeuge, sondern um die Umrüstung bereits vorhandener Kampfflugzeuge der Luftwaffe.

He 111 P-4

Die Ausführung P-4, eine Maschine, welche der He 111 H-4 entsprach, wurde von Anfang an als Horizontalbomber geplant und bei den Kampfgeschwadern der Luftwaffe in großen Stückzahlen eingesetzt. Als Antrieb dienten, anstelle des Jumo 211 D, zwei DB 601 A-1-Triebwerke. Die Abmessungen, allgemeine Ausrüstung sowie die Behälteranlage der Maschine entsprachen vollständig denen der H-4. Die neuen He 111 P-4 ersetzten ab Herbst 1939 zunehmend die bisherigen P-1 und P-2-Bomber.

Anstelle von 2 x 4 ESAC 250/IX vertikalen Bombenschächten konnten von nun an auch außenbords schwere Abwurflasten an zwei PVC 1006 L-Bombenschlössern oder – alternativ – an nur einem PVC-Träger außenbords und in vier ESAC-Schächten im Rumpf untergebracht werden. Anstelle der vier weggefallenen Bombenmagazine, konnte der freigewordene Raum im mittleren Rumpf für einen 835 l fassenden Kraftstoff-Zusatzbehälter und einen 120 l fassenden Öltank genutzt werden. Das Abfluggewicht war auf 13.500 kg begrenzt. Das bisherige Fahrwerk hätte die auftretenden Kräfte ansonsten nicht mehr voll auffangen können.

Die Abwehrbewaffnung entsprach anfangs mit ihren drei MG 15 vollständig der der He 111 P-2. Doch die Verluste bei den Einsatzverbänden stiegen. Mit dem Versuchsmuster He 111 V25 begannen daher Versuche, die bisherige Defensivbewaffnung effizienter zu gestalten. Hierzu wurde der Einbau eines starren MG 17 im Heck, eines MG FF als bewegliche A-Standwaffe nach vorne sowie eines zusätzlichen MG 15 im C-Stand getestet.

Die Verstärkung der beweglichen Schusswaffenanlage bedingte nicht nur eine höhere Flugmasse, sondern auch eine Vergrößerung der Besatzung von vier auf fünf Mann. Gemäß des Kennblattes aus dem Jahre 1941 bestand die Abwehrbewaffnung aus sechs MG 15 und einem MG 17. Das zunächst geplante MG FF kam allerdings nicht bei der He 111 P-4, sondern erst ab der fünften Ausführung der H-Serie zum Einbau. Nachdem die He 111 P-4 bei den Einsatzverbänden zunehmend durch leistungsstärkere Baureihen der Ausführung H verdrängt worden war, kam es – wie bei den meisten P-Mustern – zur Abgabe an verschiedene B-, C- und Blindflugschulen der Luftwaffe.

He 111 P-5

Die He 111 P-5 war wiederum als Schulflugzeug mit Doppelsteuerung, dessen Zelle auf der P-2 aufbaute, ausgelegt. Als Übungsflugzeug flog die Maschine zumeist unbewaffnet; oftmals war auch die Abwurfbewaffnung demontiert, um Masse und damit auch Treibstoff zu sparen. Von der He 111 P-5, von der laut Werksangaben nur 24 Maschinen gebaut wurden, sollen einige als Horizontalbomber mit zwei PVC-Trägern umgebaut worden sein.

He 111 P-6

Die Baureihe He 111 P-6 unterschied sich von der P-5 nur durch die Verwendung von zwei DB 601 N-Reihenmotoren, welche eine Leistung von 865 kW (1.175 PS) besaßen. Da diese Triebwerke für die Bestückung der Bf 109 E noch dringender benötigt wurden, konnten lediglich zehn Maschinen versuchsweise damit ausgestattet werden. Nachdem die Motoren ihre Lebensdauer erreicht hatten, wurden die Maschinen auf Jumo 211 A-1 Motoren umgerüstet und flogen von da an als He 111 H.

Bei der Ausführung He 111 P-6 kamen zumeist 2 x 4 ESAC-Vertikalmagazine im Rumpf zum Einbau. Durch den Wegfall der Außenlasten und die stärkeren Triebwerke sollten diese Aus-führung höhere Flugleistungen erzielen und mit größerem Erfolg eingesetzt werden.

He 111 P-7

Die He 111 P-7 stellte vermutlich ein weiteres Schulflugzeug dar, das aus der Umrüstung bereits vorhandener P-4 und P-6 resultierte.

He 111 P-8

Bei der He 111 P-8 handelte es sich um ein geplantes Schulflugzeug mit Doppelsteuerung und DB 601 A-1-Triebwerken. Die P-8 sollte aus den noch vorhandenen Maschinen der Ausführung of the He 111. He 111 P-1 V17 to V19 aircraft served as test aircraft. The performance of the Jumo 211 did not measure up to the DB 601, the Heinkel project office tried to improve the aerodynamics of the aircraft, including advising against carrying external loads. The equipment and weapons systems of both models were almost identical, at least in the early versions.

He 111 H-1

The technical development of the He 111 H-1 was almost completed by fall 1938. The evaluation of the pre-series aircraft as well as the first He 111 H-1 pre-production series aircraft began in June 1939. As the initial production He 111 H-1 had the less powerful engines of the He 111 P-1, it was necessary to keep the empty weight of the new version of the bomber as low as possible. Due to the aerodynamic refinements, the speed of the aircraft could be raised to 425 km/h - without bomb load.

The first He 111 H-1 equipped to series standard, WerkNr. 5098 (D-ADHP), was transferred to Rechlin after the manufacturer tests. The first production series aircraft were delivered only a few of months before the outbreak of the Second World War and were only used in small numbers.

The new He 111 H-1 bombers were capable of carrying up to 32 x 50 kg bombs or 8 x 250 kg bombs each. The bomb dropping system consisted of 2 x 4 ESAC 250/IX racks. It was soon obvious the defensive armament of three MG 15 was insufficient. As with the He 111 P-1 and P-2, operational use pointed to the urgent need for increased protection against high performance fighters. This led to the additional installation of an MG 15 in the A-mount and a second MG 15 in the ventral tub as well as two MG 15 in the side windows. In some cases, a fixed MG 17 was installed in the extreme rear fuselage to deter stern fighter attacks.

The He 111 H-1 still had the FuG IIIaU radio installed. During operational use, this was later exchanged for the FuG X (10) radio.

In summer 1942, the majority of existing operational H-1 aircraft were converted to He 111 H-9 trainers. After removal of the defensive armament and the bomb racks, the aircraft received dual controls. Subsequently the aircraft were issued to C and blind flying schools as trainers.

He 111 H-2

In early September 1939, a total of 787 He 111 bombers, representing 67% of all Luftwaffe bombers, were in operational use with the bomber wings of the Luftwaffe. In May 1939, the WerkNr. 5556 was evaluated as the first trial aircraft for the planned He 111 H-2. The difference was the installation of the FuG 10 "Gustav" replacing the FuG III. Some new production aircraft were also used in the evaluation. In addition, three aircraft with the defensive armament of the H-1 but the more powerful Jumo 211A-3 in-line engines were tested at Rechlin in March 1940. The installation of the Jumo 211A-3 with 880 kW (1,200 hp) was considered only an interim solution until the intended Jumo 211D-1 was available. In fall 1942, the majority of the He 111 H-2 were modified to unarmed He 111 H-10 trainers and issued to the Luftwaffe flight schools.

He 111 H-3

The RLM hoped for the essential increase in power by switching from the Jumo 211A-1/A-3 to the more powerful Jumo 211D-1. The Junkers Motorenwerke, in Dessau, supplied two early Jumo 211D-1 samples so He 111 H-3 evaluation could be started. The first He 111 H-3 aircraft arrived at operational units starting in August 1939.

Production of the He 111 H-3 started without additional changes after the certification of the new power plant had been completed in early 1939. The engines enabled the H-3

P-5 umgebaut werden. Ob Maschinen dieser Ausführung, außer als Musterbauten hergestellt wurden, bleibt unbekannt.

He 111 P-9

Die He 111 P-9 stellte eine Exportversion für Ungarn dar, die auf der He 111 P-4 aufbaute, aber nicht zur Auslieferung ins Ausland kam, da die Maschinen als Schleppmaschinen für die eigenen Lastensegler dringender benötigt wurden.

He 111 H

Die zweite Standardausführung einer He 111 ebenfalls mit einer vollständig verglasten Kanzel stellte die Baureihe H dar. Wie erwähnt, unterschied sich diese durch die Verwendung von Jumo -Triebwerken des Typs Jumo 211 A mit VDM-Verstellluftschraube anstelle des DB 601 bei den P-Ausführungen der He 111. Als Versuchsmuster dienten He 111 P-1, die als He 111 V17 bis V19 erprobt wurden. Da die Leistungen des Jumo 211 nicht an die des DB 601 heranreichten, setzte das Projektbüro bei Heinkel darauf, die Aerodynamik möglichst schnell zu verbessern und riet auch von der Mitnahme von außenbords angebrachten Abwurflasten ab. Die Ausrüstung und Waffenanlagen beider Baureihen waren, zumindest bei den frühen Baumustern nahezu gleich.

He 111 H-1

Die technische Entwicklung der He 111 H-1 war bis Herbst 1938 nahezu abgeschlossen. Die Erprobung der Nullserienflugzeuge sowie der ersten nahezu serienmäßigen He 111 H-1 begann im Juni 1939. Da die ersten He 111 H-1 schwächere Triebwerke als die He 111 P-1 aufwiesen, galt es die Zelle der neuen Bomberversion so leicht wie möglich zu halten. Auch dank der aerodynamischen Verfeinerung konnte die Geschwindigkeit der Maschinen – wenn auch ohne Bombenlast – bis auf 425 km/h gesteigert werden.
Die erste serienmäßig ausgerüstete H-1, die nach Abschluss der Werkserprobung nach Rechlin überführt wurde, stellte die WerkNr. 5098 (D-ADHP), dar. Die ersten, nur wenige Monate vor Beginn des Zweiten Weltkriegs fertiggestellten Serienflugzeuge gelangten zunächst nur in geringen Stückzahlen zu den Einsatzverbänden der Luftwaffe.

Die neuen He 111 H-1-Kampfflugzeuge waren in der Lage, bis zu 32 leichte Bomben zu jeweils 50 kg oder acht mittlere, 250 kg schwere Abwurflasten zu transportieren. Die Abwurfanlage bestand in der Regel aus 2 x 4 ESAC 250/IX-Magazinen. Wie sich bald herausstellte, war die aus nur drei MG 15 bestehende Abwehrbewaffnung viel zu leicht bemessen. Während des Einsatzes sollte sich dies, wie schon bei der He 111 P-1 und P-2, schnell herausstellen. Bewaffnungsmäßig kam es daher zur Nachrüstung eines zusätzlichen MG 15 im A-Stand, einem zweiten MG 15 in der Liegewanne unter dem Rumpf sowie zwei MG 15 in den Seitenfenstern. Teilweise wurde später noch ein starres MG 17 als Heckwaffe im hintersten Rumpfteil installiert, um angreifende Jäger zu bekämpfen. Als Funkanlage war bei der He 111 H-1 noch das FuG III a U installiert. Im Laufe der einsatzmäßigen Verwendung wurde dieses jedoch gegen das FuG X (10) ausgetauscht. Die Mehrzahl der im Sommer 1942 noch vorhandenen H-1-Einsatzmuster wurde ab Herbst 1942 zu Schulmaschinen der Baureihe He 111 H-9 umgebaut. Nach Ausbau der Defensivbewaffnung sowie der Abwurfanlage, erhielten die Flugzeuge eine Doppelsteuerung. Die Maschinen wurden anschließend bei C- und Blindflugschulen als Übungsflugzeuge eingesetzt und dort aufgebraucht.

He 111 H-2

Anfang September 1939 waren 787 He 111-Bomber bei den Kampfgeschwadern der Luftwaffe vorhanden. Somit bestanden 67% des gesamten Kampfflugzeugbestands aus diesem Baumuster. Als erstes Musterflugzeug für die geplante He 111 H-2 wurde im Mai 1939 die WerkNr. 5556 erprobt. Der Unterschied zur H-1 bestand im Einbau des FuG 10 "Gustav", welches das FuG III ersetzte. Einige der Neubauflugzeuge wurde als Erprobungsflugzeuge eingesetzt. Im März 1940 befanden sich außerdem drei Maschinen mit der Defensivbewaffnung der H-1, aber mit den stärkeren Jumo 211 A-3-Reihenmotoren, in Rechlin. Der Einbau des Jumo 211 A-3 von 880 kW (1.200 PS) galt ohnehin nur als Zwischenlösung, da der angestrebte Jumo 211 D-1 noch nicht zur Verfügung stand. Die meisten He 111 H-2 model to carry heavier loads (more than 500 kg) externally. To enable take-offs at higher weights the H-3 was equipped with fittings for RATO (rocket assisted take off) equipment. An additional fixed MG 17 was mounted in the rear fin root. Few already carried the MG FFs as heavy armament of the A-mount. These aircraft served mainly to attack shipping or ground targets. The radio was again the FuG 10.

He 111 H-4

The development of the He 111 H-4 was based on the H-3 and deleted all tactical deficiencies. The H-4 was equipped with the more powerful Jumo 211D-1 in-line engines, which in turn had were replaced with more powerful Jumo 211H-1, or later, the 211F-1. The alternative use of the PVC-rack, as well as the four retained ESAC vertical racks allowed almost all available droppable loads within inventory. On the port side fuselage, either four ESAC racks or an 835 l auxiliary fuel tank could be carried. In case of the installation of two PVC 1006 L external racks, the four ESAC racks remained in the right side of the fuselage. The He 111 H-4 could operate with bomb loads up to 1,800 kg.

During the attacks on England in November 1940, aircraft could carry one SC 1800 and one SC 1000 to targets relatively close locations in Southern England. To reach a service ceiling of at least 8,000 m and a combat range of 1,000 km, with an overall range of 2,400 km, the recently reinforced defensive armament of the Heinkel bomber was reduced again. When needed, the aircraft could operate as a torpedo-bomber, with the installation of two aerial torpedoes (LT) and in the anti-shipping roll by bombing and strafing the enemy with its 20mm MG FF. The He 111 H-4 also served as an efficient bomber with (LM – Luftmine) A and B aerial mines – a single mine could destroy several house-blocks by its sheer blast.

From the He 111 H-4 model onwards, the majority of the aircraft flew with a defensive armament of up to six MG 15 and one MG 17. A second defensive position was added in the glass nose in the H-4 and some modified H-3. Starting in 1943, the H-4 models were being passed to training units of the Luftwaffe.

He 111 H-5

The He 111 H-5 was the next step in the development of the H-model, though similar to the H-4, it retained defensive armament and because of an increase in fuel capacity, had the capability to carry the heaviest loads on the ETC 2000 and the parallel mounted PVC 1006 L.

Apart from being a level-flight bomber, some aircraft were modified for special missions. The first ten He 111 H-5 were target illuminators and modified in France by Heinkel technicians. The aircraft carried 25 kg flashlight bombs which acted as flares. Thus, the crews could act as pathfinders to lead attacking units to their targets at night. Another change to the bomb armament was the inclusion of the heavy fire bomb containers (BSB 700) with a variety of loading possibilities and if needed it was possible to carry (LM) A and (LM) B aerial mines. To carry loads like the SC 2500 "Max" the PVC 1006 L was replaced by the ETC 2000 starting with the 80th production aircraft. The take-off weight of the He 111 H-5 was close to 14,000 kg. Due to the heavy loads, the auxiliary fuselage tank, the MG FF installed from the 86th aircraft and armour plating, the speed of the aircraft decreased compared to the H-3 from about 400 km/h to around 350 km/h. For this reason the operational use of the type was only possible at night or during bad weather. Apart from its use as level-flight bomber the He 111 H-5 of the staff units could be equipped with two cameras Rb 50/30 and Rb 20/30 for reconnaissance missions by day and night. Additionally, up to six 50 kg parachute retarded illumination bombs could be carried on the starboard ETC. The defensive armament of the He 111 H-5 was similar to the He 111 H-4, apart from the often-used MG 15 in the

wurden im Herbst 1942 als unbewaffnete Schulflugzeuge des Typs He 111 H-10 hergerichtet und den Flugschulen der Luftwaffe zugeteilt.

He 111 H-3

Eine wesentliche Leistungssteigerung erhoffte sich das RLM von der Umstellung vom Jumo 211 A-1/A-3 auf den stärkeren Jumo 211 D-1. Die Junkers Motorenwerke in Dessau lieferten zwei frühe Jumo 211 D-1-Mustertriebwerke an Heinkel aus, damit dort die He 111 H-3 die Erprobung aufnehmen konnten. Die ersten He 111 H-3 trafen ab August 1939 in nennenswerter Zahl bei der Truppe ein. Die Fertigung der He 111 H-3 konnte ohne größere Änderungen anlaufen, nachdem die Musterprüfung des neuen Antriebs Anfang 1939 erfolgreich durchgeführt worden war. Wegen der stärkeren Triebwerkanlage war es mit der H-3 schließlich möglich – nach Anbringung entsprechender Rüstsätze – selbst schwere Abwurflasten (über 500 kg Masse) außenbords mitzuführen. Um auch bei höherem Fluggewicht mühelos starten zu können, wies die H-3 Katapultbeschläge auf. Als zusätzliche Bewaffnung wurde ab der He 111 H-3 jeweils ein starres MG 17 im Hecksteiß eingebaut, um den Angriff gegnerischer Jagdmaschinen zu stören. Vereinzelt gab es bei der Baureihe H-3 bereits MG FF als schwere A-Standbewaffnung. Diese dienten vor allem zur Bekämpfung von Schiffs- und Bodenzielen. Die FT-Anlage bestand wiederum aus dem FuG 10.

He 111 H-4

Die Entwicklung der Ausführung He 111 H-4 basierte auf der H-3 und räumte nahezu alle Einschränkungen im Bereich des taktischen Einsatzes aus. Zum einen wurden die Maschinen von Anfang an mit den leistungsstärkeren Jumo 211 D-1-Reihenmotoren ausgerüstet, die jedoch im Lauf der Zeit gegen wiederum stärkere Ausführungen des Jumo 211 H-1 oder F-1 ausgetauscht werden mussten. Zum anderen ermöglichte die alternative Verwendung eines PVC-Trägers sowie vier beibehaltene ESAC-Vertikalmagazinen fast die gesamte Bandbreite der damals verfügbaren Abwurflasten mitzuführen. In Flugrichtung links waren entweder vier ESAC-Magazine oder aber ein 835 l fassender Zusatzbehälter im mittleren Rumpf installiert. Im Falle des Einbaus von zwei PVC 1006 L-Außenträgern blieb es bei den bisherigen vier ESAC in der rechten Rumpfhälfte. Für den Fall des Mischlasttransports wurden jeweils ein PVC 1006 L links und vier ESAC rechts verwandt. Mit der He 111 H-4 wurden schwere Bombenkaliber bis 1.800 kg zum Einsatz gebracht.

Bei den Angriffen über England im November 1940, flogen die Maschinen zum Teil mit einer SC 1800 und einer SC 1000 ihre Ziele im relativ nahen Südengland an. Um eine Mindestdienstflughöhe von 8.000 m sowie eine Eindringtiefe von 1.000 km, bei einer Gesamtflugstrecke von etwa 2.400 km, zu erreichen, sollte die gerade erst verstärkte Defensivbewaffnung des Heinkel-Bombers wieder verringert werden. Außerdem ließ sich die Maschine – bei Bedarf – als Torpedobomber mit zwei Lufttorpedos (LT) einsetzen. Darüber hinaus wurden He 111 H-4-Kampfflugzeuge auch zur Bekämpfung von Schiffszielen als leistungsfähiger Minenleger mit der Luftminen (LM) A und B erprobt.

Ab der He 111 H-4 flog ein Großteil der Maschinen mit einer aus bis zu sechs MG 15 und einem MG 17 bestehenden Abwehrbewaffnung. Erstmals kam bei der H-4 sowie einigen umgerüsteten H-3, eine zweite Defensivposition im Bereich der Kanzel zum Einbau. Die Maschinen waren für damalige Verhältnisse relativ leistungsfähig und vielseitig verwendbar. Nicht mehr einsatztaugliche Maschinen wurden ab 1943, nach einer entsprechenden Reparatur umgerüstet und an Schulverbände der Luftwaffe abgegeben.

He 111 H-5

Die Ausführung He 111 H-5 stellte die nächste Entwicklungsstufe der H-Ausführung dar. Die Maschine glich weitgehend der H-4. Unter Beibehaltung deren stärkeren Bewaffnung und auf Grund einer größeren Treibstoffkapazität, bestand jederzeit die Möglichkeit, selbst schwerste Abwurflasten unter dem ETC 2000 – sowie dem parallel dazu angebrachten PVC 1006 L – mitzuführen.

Außer als Horizontalbomber wurden einige Maschinen auch für Sonderzwecke hergerichtet. So wurden die ersten zehn He 111 H-5, die für den Einsatz als Beleuchter vorgesehen waren, vor Ort in Frankreich durch Mitarbeiter der Heinkel-Werke umgebaut. Die Maschinen eigneten sich von nun an für das Mitführen von 25 kg schweren Blitzlichtbomben. Hierdurch konnten die Besatzungen

A-mount. Only parts of the aircraft were equipped with the MG FF in the A-mount. By the summer of 1940, the H-5 was increasingly replaced by the H-6 in front line units.

He 111 H-6

After the operational experience gained with earlier H-models the future standard variant H-6 was developed by early 1941. The fuselage was similar to the H-5 as was the general equipment fit. The improvement was the installation of the more powerful Jumo 211F-1 1,015 kW (1,350 hp) engines. Compared to its predecessors, the new engines provided better climb rate, as well as the slightly higher service ceiling of 8,500 m. When used with heavy external loads, the H-6 could only reach an altitude of 6,500 m. The H-6 had a weight of slightly more than 14,000 kg and its armament often consisted of two forward firing MG FF (A and C mount), four MG 15 as well as the standard MG 17 in the rear fin root. Some aircraft carried only one MG FF in the A mount, or for the first time, two MG 15 in the cockpit as standard provision.

The first of these improved bombers reached the operational units in the West in May 1941. During the production of the He 111, equipment was continuously improved. Some H-6 aircraft were evaluated with the more powerful Jumo 211F-2 engines. With these engines, the H-6 achieved a maximum low-level speed of 365 km/h. At an altitude of 6,000 m, the max. speed of the aircraft was 435 km/h. With two heavy external loaded weapons, the speed was reduced by 35 km/h.

The He 111 H-6 could be operated as level-flight bomber as well as torpedo bomber. The first 500 production aircraft carried an ETC 2000 on the left side and a PVC 1006 L to the right. From the 501st example, two ETC 2000 were attached. The range of between 1,800 and 2,500 km, depending on the load. This was sufficient for tactical missions, but not for strategic missions over enemy territory.

He 111 Operational Units

Between 1939 and 1940, hundreds of He 111 bore the brunt of the offensive missions of the Luftwaffe's bomber units. Although thought to be only a stopgap solution until the arrival of increasing numbers of Ju 88 and He 177, the development and production difficulties with those types made the He 111 P and H indispensable.

After the operations over Central Europe, the He 111 equipped bomber units were of special importance from 1941, on the Eastern Front, especially as more capable replacements were not available. The rapid advance through the vastness of Russia was only possible because of the Luftwaffe's operations against ground targets. The early He 111 H versions also gave good service in attacking maritime targets with KG 26 and as pathfinders with KG 100. With the delivery of the He 111 H-1 to H-6, the early He 111 P rapidly lost its importance and was relegated to training and support units. By March 1942, few H-4 aircraft could be found in front line service. KG 4 had only a couple of He 111 H-4 and H-5 left and flew mostly H-6. The wing had a total of 83 bombers on strength. KG 27 had almost 70 He 111 H-6 in its inventory. KG 53 had He 111 H-3, H-5 and H-6. A total of 72 of the bombers flew mainly on the Eastern Front. KG 55 at that time had only one Gruppe, I./KG 55, with 26 He 111 H-6 in operation. KG 100 operated 34 He 111 H-3 and H-6. As the only torpedo bomber unit KG 26 attacked solitary ships as well as convoys in spring 1942, with 84 He 111; only two H-5, the rest were H-6 and H-6/LT, mostly attacked targets at sea but occasionally also attacked land targets. At that time the majority of the wings was already equipped with the Ju 88A-5 and A-4.

One year later in March 1943, the equipment of the bomber wings had changed. KG 4 had only 42 He 111 H-6, all other operational aircraft were already of the H-11, H-14 and H-16 versions. At KG 26 the number of H-6 and H-6/LT

auch als Pfadfinder bei den anstehenden Nachtangriffen dienen und Angriffsverbände zu ihren Zielen führen. Als weitere Änderung der Abwurfbewaffnung konnten schwere Brandbombenschüttbehälter (BSB) 700 mit der unterschiedlichsten Brandbombenfüllung sowie bei Bedarf LM A- und LM B-Luftminen mitgeführt werden. Um Abwurflasten wie die SC 2500 „Max" mitführen zu können wurde ab der 80. Maschine das PVC 1006 L durch ein ETC 2000 ersetzt. Die Abflugmasse lag bei der He 111 H-5 bei etwa 14.000 kg, im Überlastfall bei 14.500 kg. Infolge der schweren Abwurflasten, des Rumpfzusatztanks und des ab der 86. He 111 H-5 eingebauten MG FF sowie der Panzerung sank die Geschwindigkeit der Maschine im Gegensatz zur H-3 von etwa 400 km/h auf bis zu 350 km/h ab.

Damit war im Grunde nur noch der Einsatz der Maschine bei Nacht oder schlechtem Wetter möglich. Außer als Horizontalbomber konnte die He 111 H-5 bei den Stäben der Kampfgeschwader für den Tag- und Nachteinsatz als Aufklärer mit zwei Reihenbildgeräten Rb 50/30 und Rb 20/30 ausgerüstet werden. Am rechten ETC konnten darüber hinaus bis zu sechs 50 kg-Fallschirmleuchtbomben mitgeführt werden.

Die Defensivbewaffnung der He 111 H-5 entsprach bis auf die vielfach eingebaute zusätzliche A-Standwaffe, dem MG 15, der der He 111 H-4. Nur ein Teil der Maschinen war mit einem MG FF im A-Stand bestückt. Die Maschinen wurden ab Sommer 1940 - mit dem Anlauf der He 111 H-6 - immer stärker durch diese Variante ersetzt, die nun zur Standardausführung des Mittelstreckenbombers werden sollte.

He 111 H-6

Nach den mit der He 111 H-3 und H-5 gesammelten Einsatzerfahrungen entstand bis Anfang 1941 die künftige Standardausführung H-6. Die Zelle der Maschine glich der der H-5, dies galt auch für die gesamte Ausrüstung und Ausstattung. Die wesentliche Verbesserung lag in der Verwendung der leistungsstärkeren Jumo 211 F-1-Flugmotoren mit einer Startleistung von 2 x 1.015 kW (2 x 1.350 PS). Die neue Motorenausstattung bewirkte im Vergleich zu den Vorläufern eine höhere Steiggeschwindigkeit sowie eine leicht gestiegene Dienstgipfelhöhe von 8.500 m. Mit schweren Außenlasten waren allerdings nur 6.500 m Einsatzhöhe erreichbar. Die gut 14.000 kg schwere H-6 besaß als Waffenanlage oftmals zwei, in Flugrichtung schießende MG FF (A- und C-Stand), vier MG 15 sowie serienmäßig das MG 17 im Hecksteiß. Ein Teil der Maschinen führte jedoch nur ein MG FF im A-Stand oder erstmals serienmäßig vorbereitet zwei MG 15 in der Kanzel mit.

Die ersten dieser verbesserten Bomber trafen im Mai 1941 bei den Einsatzverbänden im Westen ein. Innerhalb der Produktion der Großserie wurden auch die He 111 ständig ausrüstungsmäßig verbessert. Später wurden einige He 111 H-Flugzeuge mit leistungsstärkeren Jumo 211 F-2-Flugmotoren erprobt. Mit diesen Motoren erreichten die He 111 H-6-Bomber in Bodennähe maximal 365 km/h. Die Höchstgeschwindigkeit der Maschine betrug in 6.000 m Flughöhe etwa 435 km/h. Bei zwei schweren, unter dem Rumpf angebrachten Außenlasten reduzierte sich die Geschwindigkeit um etwa 35 km/h.

Die He 111 H-6 stellte die erste, gleichzeitig als Horizontal- und Torpedobomber verwendbare Ausführung der H-Serie dar. Bei den ersten 500 Maschinen waren links ein ETC 2000 und rechts ein PVC 1006 L, ab der 501. H-6 zwei ETC 2000 angebracht. Die Reichweite der Maschine lag, je nachdem welche Abwurflasten mitgeführt wurden, zwischen 1.800 und 2.500 km. Dies reichte weiterhin nur für taktische Einsätze, nicht aber für strategische Missionen über gegnerischem Terrain.

He 111 Kampfverbände

Zwischen 1939 und 1940 fiel der He 111 die Hauptlast der offensiven Einsätze bei den Kampfgeschwadern der Luftwaffe zu. Obwohl nur als Zwischenlösung bis zur Ausrüstung der Verbände mit der Ju 88 und der He 177 gedacht, führten gerade die Schwierigkeiten mit diesen Maschinen dazu, dass die He 111 P und H lange für die Kampfgeschwader unverzichtbar waren.

Nach den Einsätzen über Mitteleuropa fiel – angesichts des Fehlens leistungsstärkerer Einsatzmittel – gerade den mit der He 111 ausgerüsteten Kampfgruppen, insbesondere an der Ostfront, ab 1941 besondere Bedeutung zu. Nur dank des Einsatzes der Luftwaffe auf Bodenziele war im Osten ein schneller Vormarsch in den Weiten Rußlands überhaupt möglich. Auch bei der Bekämpfung von Seezielen beim KG 26 oder als Zielfinder beim KG 100 und anderen den Geschwadern beigegebenen Staffeln leisteten auch die frühen He had diminished to 50 as the introduction of the Ju 88. KG 53 also had converted to more powerful types. Apart from 29 H-6 the majority of the operational aircraft were H-11 and the even more powerful successors. At KG 55 the remaining H-6 were swapped for the H-16. Only a little less than 30 H-6 remained in the inventory of the unit at that time. The same applied to KG 100 where the H-11, H-14 and H-16 had superseded the former versions. In early April 1943, the He 111 H-11 became more important.

Some He 111 were operated by the staff flights of LG 1, of KG 1 and some more other units. For example, seven He 111 H-6 were flown by the III. Gruppe of KG 40 for quite some time.

After the Allied air forces received more powerful defensive fighter aircraft from late 1943, Luftwaffe offensive operations to a large extent were suspended – even over the Eastern front – where Russian LaGG fighters ruled the skies. In March 1944, aircraft up to the He 111 H-6 could only be found in small numbers with I./KG 66, as well as with IV./KG 4, 27, 53, 55 and 100, where the last remaining He 111 P-4 were assigned.

In December 1944, a single He 111 H-6 and 13 H-16 examples flew with the 14. Eisenbahn Bekämpfungsstaffel (anti-train squadron) of KG 27. Only with the support groups IV./KG 4 and IV./KG 6, few He 111 H-5 and H-6 remained in service by early 1945. A few He 111 H-6 could be found with the He 111 H equipped Transportgruppe 30, others with liaison squadrons and test units. Barely a single example remained airworthy by April 1945, after allied fighters had attacked even the smallest airfields and the surviving aircraft parked in their revetments were mostly unserviceable due to lack of spares. In addition, the Germany wide fuel shortage prohibited large-scale flights. The majority of He 111 variants in Luftwaffe operational service up to the end of the war consisted of later versions H-11 to H-23.

These aircraft will be dealt with in the third AirDOC He 111 volume.

Acknowledgements
Danksagung

AirDOC likes to thank the following persons and institutions, whose support was invaluable in getting together the necessary photographs and information. Only their generous support made this book possible.
Wir möchten uns bei folgenden Institutionen und Einzelpersonen für die uns entgegengebrachte Hilfe und das Vertrauen herzlich bedanken. Ohne ihre großzügige Unterstützung mit Informationsmaterial und Fotos wäre die Verwirklichung dieses Projekts in dieser Form nicht möglich gewesen.

German text and captions
deutscher Text und Bildunterschriften:
Manfred Griehl – Author

Englisch translation
englische Übersetzung:
Werner Münzenmaier

English editing
Redaktion englischer Text:
Patrick Martin – Canada

Color drawings
Farbzeichnungen:
Richard J. Caruna – Malta

Photo contributions
zur Verfügung gestellte Fotos von:

Andreas Klein – AirDOC, Herrn Wachtl, Herrn Creek – USA, Herrn Haberfellner, Herrn Heck, Herrn Rogge, Herrn Hoppe, Herrn Matthiesen, Herrn Götz, Herrn Balke, Herrn Raubach, Herrn Jonas, Herrn Hermanutz, dem Frankfurt Air Port (Fraport) und Heinkel.

111 H-Varianten gute Dienste. Die He 111 P verlor dagegen mit der Auslieferung der He 111 H-1 bis H-6 immer schneller an Bedeutung und wurde den Schul- und Ergänzungseinheiten zugewiesen.

Ab Anfang März 1942 waren nur noch bei wenigen Verbänden Maschinen ab der Baureihe H-4 zu finden. So gab es beim KG 4 nur wenige He 111 H-4 und H-5, zumeist aber H-6. Insgesamt waren beim Geschwader 83 der Bomber vorhanden. Knapp 70 He 111 H-6 flogen währenddessen beim KG 27. Beim KG 53 gab es die He 111 H-3, H-5 und H-6. Insgesamt 72 der Bomber flogen vornehmlich über der Ostfront. Beim KG 55 war damals nur eine einzige Gruppe, die I./KG 55 mit 26 He 111 H-6 im Einsatz. Dagegen flogen beim KG 100 34 He 111 H-3 und H-6. Als einziger Torpedobomber-Verband griff das KG 26 im Frühjahr 1942 einzelne Schiffe, aber auch Geleitzüge an. 84 He 111, bis auf zwei He 111 H-5, alles H-6 und H-6/LT, flogen zumeist ihre Ziele auf hoher See, zuweilen auch auf dem Land, an. Die Masse der Geschwader war damals bereits mit der Ju 88 A-5 und A-4 ausgerüstet.

Ein Jahr später, im März 1943, war die Ausrüstung der Kampfgruppen wesentlich geändert worden. So gab es beim KG 4 nur noch 42 He 111 H-6, alle übrigen Einsatzmuster gehörten bereits den Baureihen H-11, H-14 und H-16 an. Auch beim KG 26 war die Anzahl der H-6 und H-6/LT auf 50 gesunken, da inzwischen die Einführung der Ju 88-LT-Bomber begonnen hatte.

Gleichzeitig hatte auch beim KG 53 eine Umrüstung auf leistungsstärkere Baumuster ihren Lauf genommen. Außer 29 H-6 bestand nun die Mehrzahl der Einsatzflugzeuge aus der H-11 und ihren noch leistungsstärkeren Nachfolgern. Auch beim KG 55 wurden die bisherigen He 111 H-6 nun gegen die H-16 ausgetauscht. Nur noch knapp 30 H-6 befanden sich damals im Bestandsverzeichnis des Verbands. Gleiches galt für das KG 100, wo die H-11, 14 und 16 die bisherigen Einsatzmittel verdrängt hatten. Anfang April 1943 spielte die He 111 H-11 im Vergleich zur H-6 eine immer wichtigere Rolle. Einzelne He 111 gab es darüber hinaus beim Stab des LG 1, dem KG 1, sowie bei etlichen anderen Verbänden. Beispielsweise waren sieben He 111 H-6 noch lange bei der III. Gruppe des KG 40 vorhanden. Nachdem die alliierten Luftwaffen ab Ende 1943 über eine immer mächtigere Ausstattung verfügten, zeichnete sich das Ende des offensiven Einsatzes – auch über der Ostfront – in immer stärkerem Maße ab. Im März 1944 gab es Maschinen bis hin zur He 111 H-6 nur noch, wenn auch in geringer Stückzahl, bei der I./KG 66 sowie bei der IV./KG 4, 27, 53, 55 und 100. Dort waren auch noch die letzten He 111 P-4 als Übungsflugzeuge im Einsatz.

Im Dezember 1944 flogen eine einzige He 111 H-6 und 13 H-16 bei der 14. Eisenbahn-Bekämpfungsstaffel des KG 27. Nur bei den Ergänzungsgruppen der KG waren noch einige wenige He 111 H-5 und H-6 bei der IV./KG 4 sowie bei der IV./KG 6 anzutreffen. Aber auch bei der mit der He 111 H ausgerüsteten Transportgruppe 30, einigen Verbindungsstaffeln sowie bei Erprobungseinheiten fanden sich noch Anfang 1945 einige He 111 H-6.

Kaum eine von ihnen war im April 1945 noch flugklar, nachdem alliierte Tiefangriffe selbst kleinste Plätze unter Feuer genommen hatten und die in Splitterschutzboxen abgestellten Maschinen wegen fehlender Ersatzteile zumeist unklar blieben. Auch fehlender Treibstoff machte Flügen in größerem Umfang schnell ein Ende. Die Masse der bis zuletzt eingesetzten He 111 gehörte zu den Baureihen H-11 bis H-23.

Diese Maschinen werden im dritten Teil der AirDOC He 111 Trilogie behandelt.

Luftwaffe Heinkel He 111 Combat Units – May 1941
Ausrüstung der He 111 Kampfverbände – Mai 1941

I./KG 4	He 111 H-4 and H-5	II./KG 40	He 111 H-3 and H-5
II./KG 4	He 111 P-4 and H-5	III./KG 40	He 111 H-3
III./KG 4	He 111 H-5	I./KG 53	He 111 H-3 and H-5
I./KG 26	He 111 H-5	II./KG 53	He 111 H-4 and H-5
II./KG 26	He 111 H-5	III./KG 53	He 111 H-2 and H-4
III./KG 26	He 111 H-3, H-5 and H-6	IV./KG 53	He 111 H-2
IV./KG 26	He 111 H-2	II./KG 54	He 111 P-2 and P-4
I./KG 27	He 111 H-2 and H-3	I./KG 55	He 111 P-4
II./KG 27	He 111 H-2	II./JG 55	He 111 P-2 and P-4
III./KG 27	He 111 P-2	III./KG 55	He 111 P-2 and P-4
IV./KG 27	He 111 P-2 and H-2	IV./KG 55	He 111 H-2
I./KG 28	He 111 H-3, H-4 and H-5	KGr. 100	He 111 H-2 and H-3
I./KG 40	He 111 H-5		

Heinkel He 111 über allen Fronten

Eine der frühen Varianten der He 111 mit Vollsichtkanzel im Windkanal der Heinkel-Werke. Vor dem Modell stehen (v.l.n.r.) Dr. Ernst Heinkel, Siegfried Günter und Karl Schwarzler, die später federführend bei der Entwicklung der He 162 waren.
A wooden model of an early He 111 equipped with glazed nose section seen in the Heinkel factory wind tunnel. In front of the model are (left to right) Dr. Ernst Heinkel, Siegfried Günter and Karl Schwarzler. Siegfried Günter and Karl Schwarzler were also responsible for developing the Heinkel He 162 "Volksjäger".
(Heinkel)

Das erste Versuchsmuster der Baureihe He 111 P stellte diese umgebaute He 111 B-0 (D-AQZO) dar. Zu beachten ist das noch frühe, voll verglaste Kabinengerüst sowie die Antennenanlage im Bugbereich. Der Rumpf mitsamt des oberen Waffenstands blieb ungeändert.
The first trial aircraft for the He 111 P-series was the converted He 111 B-0 D-AQZO. Note the fully glazed cabin and antenna installation of the nose section. The Heinkel retained the rear fuselage and defensive armament of the B-variant.
(Wachtl)

Aufnahmen der Serienfertigung im Werk Oranienburg. Dieses äußerst moderne Werk bot beste Möglichkeiten für die Herstellung großer Stückzahlen, da die Räumlichkeiten für die Serienfertigung ausgelegt waren. Alle Maschinen erhielten gegen Abschluss der Arbeiten ein aus vier Buchstaben bestehendes Stammkennzeichen. Bei der He 111 H-2 im Vordergrund sind die Wartungsöffnung in Form eines Handlochs und die Einfüllöffnungen für den Kraftstoff zu erkennen.

He 111 production photographed at the Heinkel Oranienburg facility. This modern factory provided the best conditions for high production rates. In the final stages of production, each aircraft received a four-letter factory code. Note the open maintenance panels and access hatches.

(Heinkel)

Bei dieser Staffel waren gerade drei neue Maschinen als Ersatz eingetroffen. Bislang war keine Zeit die Stammkennzeichen gegen die taktische Markierung des Verbands auszutauschen. Ein Teil der Maschinen wurde nach dem Abstellen mit Schutzplanen abgedeckt, um besonders die Motoren sowie die Kanzel vor Nässe zu schützen. Die Planen gehörten zu den bei der Zuweisung mitgelieferten Bordausrüstung.
Judging from the factory tail codes this unit had only recently received three newly built aircraft. Some vital parts of the Heinkel bombers were covered with tarpaulin to keep water out of the engines and cabin. The covers formed part of the delivered aircraft equipment.
(AirDOC)

Im Heimatkriegsgebiet stehen diese He 111 beinahe parademäßig ohne Tarnung, in der Gewissheit der absoluten eigenen Luftherrschaft über Deutschland.
On the home front, these Heinkel aircraft are lined-up without camouflage. Only a few years later, with the loss of air supremacy over Germany, these aircraft would have been easy pray for marauding Mustangs, Thunderbolts or Typhoons.
(AirDOC)

Während der Einstellung der Kompassanlage steht diese He 111 P-1 auf einer runden, antimagnetischen Platte, die so genannte Kompensierscheibe. Es handelte sich bei der 42+H00 um eine relativ frühe Ausführung des Mittelstreckenbombers, dessen militärische Ausrüstung noch nicht installiert worden war.
To adjust navigational systems, He 111 P-1 42+00 is mounted on an anti-magnetic round disk, the so-called "Kompensierscheibe" – compensation disk. This aircraft is a very early version of the medium bomber, whose military equipment has not yet been installed.
(Heinkel)

Diese Frontansicht einer He 111 P-1 entstand auf einem Einsatzplatz im Westen. Im A-Stand ist ein bewegliches MG 15 zu erkennen, mittels dessen der gesamte in Flugrichtung liegende Luftraum gesichert werden sollte. Selbst bei im Pulk fliegenden He 111 reichten oft mehrere dieser Waffe nicht zur Verteidigung gegen moderne Jagdmaschinen aus.

This frontal view of a He 111 P-1 shows the design changes incorporated into the P-series. The forward facing defensive position (A-Stand) features a single MG 15, to protect from frontal attacks. Even within large formations, the firepower of several of these weapons was unable to protect the aircraft from modern fighter aircraft.

(AirDOC)

Mittels eines Flaschenzugs wurden die Abwurflasten in die Vertikalmagazine gezogen und dort verriegelt. Das Mitglied des Bodenpersonals hatte lediglich die Aufgabe darauf zu achten, dass sich die SC 250 nicht im Schacht der He 111 P-1 verklemmten.

With the help of a block and pulley device, SC 250 bombs are loaded into the vertical fuselage bomb racks. Ground crew personnel had to ensure the bomb would not get jammed inside the bomb rack of the He 111 P-1.

(AirDOC)

Auf dem Feldflugplatz Reichenbach wird diese He 111 des KG 27 mittels Muskelkraft beladen. Die Maschine besaß bereits eine Liegewanne, in welcher zwei MG 15 zum Einbau gelangten.

On Reichenbach airfield, ground crew are loading a KG27 with bombs with only "muscle" power. This aircraft had a ventral gun position with two MG 15 installed.

(Griehl)

Im Winter 1940/41 entstand diese Aufnahme einer He 111 P-1 oder P-2, die als B3+KH zur ersten Staffel des KG 54 "Totenkopf" gehörte. Am mittleren Rumpf ist ein schräges weißes Band zu erkennen, das als taktisches Zeichen während der Angriffe auf Ziele in England helfen sollte, die einzelnen Kampfgruppen zu unterscheiden.
Heinkel P-1 or P-2 coded B3+KH during the winter of 1940. The aircraft formed part of 1st Squadron from KG 54 "Toptenkopf". The aircraft has a white stripe on both sides of the fuselage, which was to help identify the combat units during the Battle of Britain.
(AirDOC)

Während des Einsatzes über Polen wurde diese He 111 P-1 der 2./KG 27 vom Nachbarflugzeug aus aufgenommen. Die Besatzung der 1G+AK flog entlang einer schnurgeraden Straße und suchte nach lohnenden Bodenzielen.
A He111 from 2./KG 27 viewed from another aircraft in formation, during operations over Poland. The crew of 1G+AK is following a straight road while searching for targets of opportunity.
(AirDOC)

Auf dem Flugplatz Wiener-Neustadt ereignete sich dieser Bruch einer He 111 P-1. Bis auf leichte Schäden im Bereich der Kühler und verbogene Propeller scheint die Notlandung jedoch glatt verlaufen zu sein. Im Hintergrund ist der markante Wasserturm bei Wiener-Neustadt gut zu erkennen. Die offene Cockpitverkleidung lässt vermuten, dass die Besatzung nach der Landung ihre Maschine sehr schnell verließ.
This He 111 P-1 performed a wheels-up landing at Wiener-Neustadt air base, near Vienna, Austria. Light damage included bent prop-blades and slight scratches on the oil-coolers. The open escape hatch indicates the hasty crew departure from the aircraft.
(Haberfellner)

In der Werft in Wiener Neustadt, wurden von WNF (Wiener Neustädter Flugzeugwerke) die unterschiedlichsten Kampfflugzeuge repariert. Außer zwei He 111 mit Stufenkanzel und einer Do 17 Z-1 sind auch drei He 111 P zu erkennen. Die aufgebockte WerkNr. 2435, auf der rechten Bildseite, stellt allerdings eine He 111 H-1 aus der Arado-Fertigung dar.

WNF works (Wiener Neustädter Flugzeugwerke) had the task to repair various damaged aircraft returning from frontline units. In addition to the two early He 111 aircraft with stepped canopies, a Dornier Do 17 Z-1 and three He 111 P aircraft received attention. The jacked-up aircraft with the construction number 2435 is a He 111 H-1 manufactured by Arado. **(Haberfellner)**

Die He 111 P-1 mit der taktischen Kennung 1G+QA gehörte zum Stab des KG 27. Wie bei vielen Maschinen des Verbands war die hellblaue Tarnung der Rumpfunterseiten bis auf die Höhe des Höhenleitwerks heraufgezogen. In der Tragfläche ist der Landescheinwerfer mit seiner rechteckigen Verkleidung gut zu erkennen.

He 111 P-1 coded 1G+QA was assigned to Stab Kampfgeschwader 27. Many of the unit's aircraft had light blue camouflage on lower surfaces aligned with leading edges of the elevator unit. Note the landing light in its square housing incorporated into the leading edge of the port wing.
(Hermanutz)

Zur II. Gruppe des KG 54 gehörte diese He 111 P-1. Gleich hinter der Kabine ist ein "Totenkopf" angebracht, der auf das Geschwader hinweist. Der auf dem Rumpf stehende Luftwaffenoffizier gibt seinen Kameraden vom Heer gerade eine kurze Einweisung, aus welchen Teilen ein Flugzeug besteht.

The yellow and white spinner rings and the yellow "skull" insignia, indicates this He 111 P-1 aircraft was assigned to II. Gruppe KG 54 "Totenkopf". The Luftwaffe officer standing on top of the cabin explains to the army personnel the construction features of modern combat aircraft.
(AirDOC)

Da alliierte Jagdmaschinen in immer größerer Zahl auftraten, wurden die Besatzungen der deutschen Kampfflugzeuge entsprechend geschützt, indem man die Maschinen teilweise panzerte oder, wie hier, einen entsprechend gepanzerten Sitz für den Piloten installierte.
With the increasing numbers of enemy defensive fighters, it became apparent to RLM that crew protection was insufficient. This changed by adding amour plates to the aircraft's fuselage and by installing armored seats for the pilot.
(Heinkel)

Die He 111 P-3 war mit einer Doppelsteuerung ausgerüstet, um so die Ausbildung der künftigen Bomberpiloten von Anfang an zu erleichtern, da der Fluglehrer jederzeit eingreifen konnte. Die meisten Schulflugzeuge entstanden durch die Umrüstung bereits vorhandener He 111 P-1 und P-2, zuweilen aber auch aus nicht mehr voll einsatztauglichen He 111 P-4.
The He 111 P-3 variant had twin steering, enabling the instructor to take action when needed. Most of the trainer aircraft were converted from P-1 and P-2 models, which had been replaced in operational service by later models.
(Heck)

Die Geräumigkeit der Kabine bei der He 111 P, wie auch der H, zeigt diese Aufnahme. Die Steuersäule war umklappbar, so dass im Notfall, falls der Pilot verwundet worden war, auch der Beobachter, der zumeist über eine gewisse Flugerfahrung verfügte, die Maschine zumindest einigermaßen zurückbringen könnte.
Shown here is the cramped crew compartment of the He 111 P and H models. The control column could be moved from the pilot to the observer's position in the event the pilot in charge was wounded. Usually, the observer's experience comprised of enough flight hours enabling him to bring back the crippled aircraft.
(Griehl)

Blick auf das an der Kabinenoberseite angebrachte Instrumentenbrett bei einer He 111 P. Direkt vor dem Flugzeugführer befanden sich die Flug- und links von der Mitte die Triebwerküberwachungsinstrumente. Vor dem Piloten ist das im Bugstand (A1-Stand) eingebaute MG 15 zu sehen, das zu dieser Zeit nicht gebraucht wurde und mittels eines Lederriemens befestigt worden war.
This image depicts the instrument panel of a He 111, with the flight controls located in the centre and engine instruments on the right. This P-variant features a single MG 15 in the front defensive position (A1-Stand).
(Heinkel)

Blick auf die Triebwerküberwachungsgeräte einer He 111 H-4. Der Beobachter legt gerade seine Sauerstoffmaske an, da die Maschine eine Flughöhe von etwa 4.000 m erreicht hatte. Das MG 15 im A2-Stand ist noch durch eine seitlich angebrachte Arretierung durch ein Lederband gesichert.
The observer, who also acted as front gunner, is seen fastening his oxygen mask, while the He 111 H-4 is climbing to 13,000 feet. Note the secured MG FF 20mm in the frontal gun position (A1-Stand) and 7,7mm MG 15 in the upper A2-Stand.. **(Griehl)**

Blick in die Kabine eines Wetteraufklärers der Wekusta 5. Links neben dem Beobachter, der oftmals ein mitfliegender Meteorologe war, ist das Aufzeichnungsgerät für die zu erlangenden Wetterdaten zu erkennen. Da die Flüge infolge der Gefahr jederzeit auftretender Fernjäger immer gefährlicher wurden, erhielt diese He 111 H zuweilen ein zweites, wenn auch leichtes MG 15 im A2-Stand des Bugraums.
The forward cabin of a weather reconnaissance He 111 from Wekusta 5. On the left of the observer, who was often a well-trained meteorologist, the weather data collector could be found. As weather reconnaissance flights were increasingly endangered by long-range fighter aircraft (Beaufighter, Mosquito and later P-38 Lightning), the defensive armament of this He 111 H was increased by a second MG 15 in the A2-Stand. **(Griehl)**

Nach einem Bruch im Westen wurde diese He 111 P-1 für die daran vorbeiziehenden Soldaten des Heeres zu einer Attraktion. Die Maschine gehörte mit großer Wahrscheinlichkeit zur I. Gruppe des KG 26. Am Seitenleitwerk sind zwei weiße Abschuss-Striche zu erkennen. Der erheblich beschädigte Bomber scheint zu diesem Zeitpunkt bereits lange an dieser Stelle gelegen zu haben, wie der zertrampelte Boden beweist.
After having made an emergency landing, this He 111 P-1 became an attraction for advancing German troops. The aircraft was assigned to I. Gruppe from KG 26 and judging from the foot trails around the fuselage it had remained there for a while. Note the white kill marks on the tail.
(AirDOC)

Zum KG 54 "Totenkopf" gehörte diese ungetarnt auf einem Flugfeld abgestellte He 111 P-2, die später an den Angriffen auf Ziele in Südengland und London teilnehmen sollte. Seitlich des Rumpfes ist das Geschwaderwappen neben der Kabine zu sehen. Vom Stammkennzeichen der WerkNr. 1726 sind leider nur drei Buchstaben zu erkennen.
He 111 P-2, serial 1726, from KG 54 "Totenkopf – scull", on a captured French airfield in early 1940. The aircraft later took part in bombing raids against targets in southern England and London. Note the unit insignia just aft of the cabin and the letters ?K+TA of the four-letter factory code.
(AirDOC)

Im Verlauf des Luftkriegs gegen England wurden die Unterseite und Rumpfseiten der dort eingesetzten deutschen Kampfflugzeuge mit einem schwarzen Sichtschutzanstrich versehen, um bei den Nachtangriffen nicht so leicht wie bisher vom Boden aus entdeckt zu werden. Bei der Maschine handelte es sich um eine He 111 P-2, die bereits einen mit zwei Waffen bestückten C-Stand aufwies, oder aber um eine P-4.
During the Battle of Britain, all lower surfaces and light parts of the participating aircraft were over painted with black water-soluble paint to render the aircraft less visible to enemy air defense (fighters and search lights) during night attacks. The aircraft is either a P-2 or P-4, as the armament of the ventral tub (C-Stand) already consisted of a forward and one rearward facing machine gun.
(AirDOC)

Auf dem in der Nähe von Bad Schussenried gelegenen Flugflugplatz wurden die Einsatzflugzeuge des KG 27 zum Teil direkt aus Kesselwagen der Deutschen Reichsbahn betankt. Für die weiter entfernt abgestellten He 111 P des Verbands standen Krupp Tankwagen und Betriebsstoffanhänger bereit. In dem Zelt befand sich eine Kraftstoffpumpe.
At Bad Schussenried airfield, KG 27 aircraft are refueled directly from the DR (Deutsche Reichsbahn) tank wagon via a gasoline driven pump, located in a tent close to the rails. For dispersed aircraft, a Krupp refueling truck and fuel trailer were usually used. **(Hermanutz)**

Ein Oberleutnant und Schwarmführer gibt letzte Anweisungen an die Besatzungen der beteiligten Maschinen vor dem Einsatzflug gegen England während bei der Heinkel im Bildhintergrund die Motoren warm laufen.
A 1st Lieutenant and element leader is seen giving a final briefing to crewmembers of his flight before a mission over England. In the background, ground crews are running up engines.
(AirDOC)

Auch beim Lehrgeschwader (LG) 1 waren die neuen He 111 H anzutreffen. Die hier gezeigte L1+AS gehörte zum Bestand der 8. Staffel des Verbands und trug den üblichen 2-Ton-Schutzanstrich auf allen Rumpfoberseiten. Die abgestellte Maschine war im Bereich des Cockpits, des B-Stands und der Motoren mit einigermaßen dichten Schutzüberzügen gegen Witterungseinflüsse abgesichert. Nur ein MG 15 im C-Stand sollte sich bald als zu schwache Abwehrbewaffnung erweisen.

Even Lehrgeschwader (LG) 1 (Training Wing 1) received the new H-model of the Heinkel bomber. Aircraft L1+AS was assigned to 8. Staffel (8th Squadron) and had the typical two-tone camouflage on all upper surfaces. The cockpit section, B-Stand and engines of the parked aircraft were protected against adverse weather conditions with tarpaulin. The single MG 15 in the C1-Stand (rear ventral tub) soon proved to be ineffective against RAF fighters.

(AirDOC)

Zur Täuschung der Alliierten wurden vor allem in Westeuropa, wo verstärkt mit gegnerischen Fernaufklärern zu rechnen war, hölzerne Attrappen auf Scheinflugplätzen aufgestellt, um eine entsprechende Belegung vorzutäuschen und Bombenwürfe auf die eigentliche Liegeplätze zu vermeiden.

To confuse allied long-range reconnaissance aircraft, especially on the western front, Luftwaffe personnel built wooden dummy aircraft and converted farmland into deceptive airfields. This was done to simulate operational activity and to force the enemies attention away from the real targets.

(AirDOC)

Norwegen – Stavanger, Einsatzvorbereitung für einen Feindflug nach England. Mit einer 1000 kg Bombe wird der Norden Großbritanniens angegriffen. Im Hintergrund startet eine Ju 88 des KG 30.
Starvanger, Norway – a He 111 P aircraft has recently been loaded with a 1,000kg bomb and readied for a mission against northern England. In the background, a Ju 88 from KG 30 takes off for an anti-shipping sortie.
(AirDOC)

Die 1H+AN war Teil der 5./KG 26. Neben der He 111 H-2 steht noch der Krupp L3 LKW, mit dem neue Bomben herangeschafft wurden. Die in Nordfrankreich entstandene Aufnahme zeigt einen Nachtbomber, bei dem zwar alle seitlichen Balkenkreuze schwarz übermalt wurden, um den Sichtschutz zu verbessern, dennoch aber einen auffälligen weißen Streifen am Seitenleitwerk trug, um die einzelnen Kampfgruppen unterscheiden zu können.
He 111 H-2, coded 1K+AN, formed part of 5./KG 26, stationed in northern France. All light surfaces including the national insignias have been over painted in black to improve the camouflage effect for night missions. Only the individual white stripe on the tail was retained to make in-flight identification possible.
(AirDOC)

Frontansicht einer He 111 H-1, die ungetarnt, mit ausgebauten Bordwaffen in ihrer Box abgestellt wurde. Vor der Maschinen wartete ein Teil der Bodenmannschaft auf einen neuen Auftrag.
Frontal view of a non-camouflaged He 111 H-1 dispersed in its revetment and stripped of any defensive armament. Ground crews await new orders.
(AirDOC)

Bei den unter der He 111 H-1 angehängten Waffen handelt es sich nicht um Grundminen, sondern um zwei Mischlast-Abwurfbehälter die in ihrer äußeren Form stark an Grundminen erinnern. Die Mischlast-Abwurfbehälter gewannen große Bedeutung bei der Versorgung eingekesselter Verbände.

An overall black painted He 111 H-1 is loaded with two droppable support containers. These containers are similar in shape to aerial mines. These were used to deliver valuable supplies such as food, ammunition and fuel to ground forces.

(AirDOC)

Diese He 111 P der I./KG 3 (1T+..) kehrte kurz nach dem Start, wegen Problemen mit der Hydraulik, wieder zurück. Der Pilot entschloss sich sicherheitshalber zu einer Bauchlandung. Vor der Bergung der Maschine wurde der Treibstoff aus den Flächenbehältern abgepumpt, um die Maschine zu erleichtern und auch sonst kein zusätzliches Risiko einzugehen.

This He 111 P from I./KG 3 (1T+..) encountered hydraulic problems shortly after take-off. The pilot decided to return to the airfield and performed a wheels-up landing. The aircraft had to be de-fueled before recovery to reduce weight and minimize risks for the salvaging crew.

(AirDOC)

Auf diesem Bild, aufgenommen im Sommer 1941, stehen drei He 111 P zusammen mit einer verbandsfremden Do 17 Z sehr wahrscheinlich in Chartres und warten auf ihren nächsten Einsatz im Westen. Die Kennung 6N+AA weist die Maschine zum Kampfgruppenstab zugehörig aus. Aus der Kampfgruppe 100 wurde am 15.12.1941 in Märkisch-Friedland das mit He 111 H ausgerüstete Kampfgeschwader 100 „Viking".

Three He 111 P and a single Do 17 Z (most probably) at Chartres, France, in the summer of 1941. The tactical code 6N+AA of the closest bomber identifies the aircraft belonging to "Kampfgruppenstab". On December 15, 1941, Kampfgruppe 100 was re-designated Kampfgeschwader 100 "Viking" and received He 111H aircraft at Märkisch-Friedland.

(Hoppe)

Diese He 111 P-5 gehörte zur Wekusta 1 ObdL (Oberbefehlshaber der Luftwaffe). Die Einheit war zunächst in Berlin-Gatow stationiert. Die Maschinen waren mit einer speziellen Ausstattung zur Messung von Wetterdaten ausgerüstet. Später flog die T5+AU Wetteraufklärung über ganz Europa, aber auch über dem Atlantik und westlich von Irland.
This He 111 P-5 was assigned to Wekusta 1 ObdL (Oberbefehlshaber der Luftwaffe – Commander in Chief Luftwaffe) and was stationed in Berlin-Gatow. The aircraft was equipped with special weather data collecting devices. Later T5+AU flew weather missions over Europe, the Atlantic Ocean including areas west of Ireland.
(Heinkel)

Ein Unteroffizier demonstriert dem Fotografen die Abwehr eines Jägerangriffes im B-Stand. Das Doppeltrommelmagazin des MG 15 fasste 75 Patronen.
An NCO demonstrates to the photographer how attacks of enemy fighters could be defended from the B-Stand. The twin-drum magazine of the MG 15 could be loaded with 75 rounds of 7.7mm ammunition.
(AirDOC)

Diese Heinkel He 111 H-2 mit der Kennung A1+CP zugehörig zur 6. Staffel, wurde kurz zuvor an das KG 53 „Legion Condor ausgeliefert. Man beachte die Propellerhauben, die in der Staffelfarbe gelb lackiert wurden und den frischen Drei-Ton Tarnanstrich. Ein Geschwaderanghöriger posiert vor „seinem" Flugzeug mit einer SC 50 Bombe.
He 111 H-2, coded A1+CP, formed part of 6. Staffel and had only recently been delivered to KG 53 "Legion Condor". Note the yellow painted spinners – denoting the squadron colour and the pristine three-tone camouflage. An airman is posing in front of "his" aircraft, carrying a SC 50 bomb in his arms.
(Rogge)

Vorbereitungen zum Angriff im Osten: für das Unternehmen Barbarossa wurden ab Frühjahr 1941 die Kampgeschwader 1, 27, 51, 53, 55, 76 und 77 zusammengezogen und ab Juni des gleichen Jahres einsatzbereit erklärt. Unter den zur Verwendung kommenden Maschinen war auch die A1+BT der 9./KG 53 „Legion Condor", eine He 111H-4.

Preparations in anticipation of the attack in the east – "Operation Barbarossa". Aircraft from KG 1, 27, 51, 53, 55, 76 and and 77 were drawn together in the early months of 1941 and declared combat ready later in June of the same year. He 111 A1+BT was assigned to 9. Staffel (III.Gruppe) from KG 53 "Legion Condor".

(Hoppe)

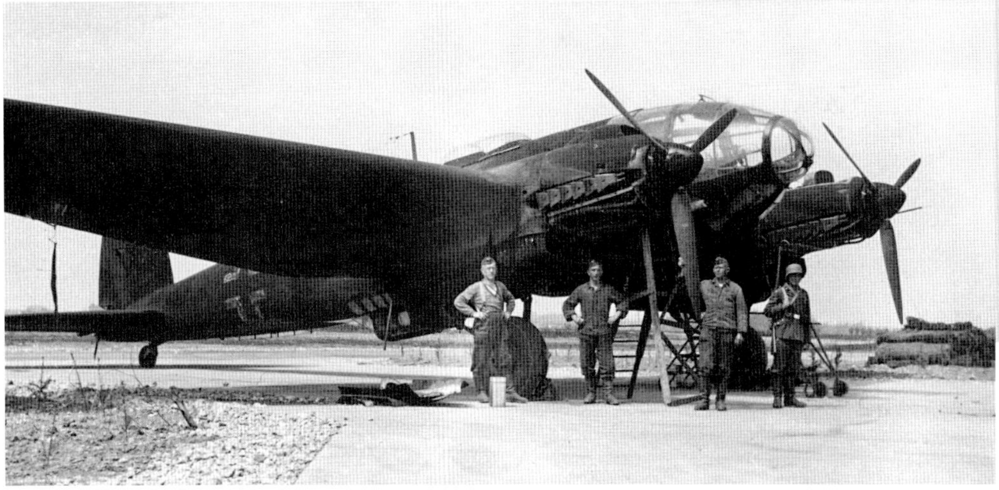

Voraussetzung für einen erfolgreichen Kampfeinsatz ist ein perfekt gewartetes Flugzeug, das die Besatzung auch in schwierigen Situationen technisch nicht im Stich lässt. Der Anteil am Erfolg gebührt damit auch den sogenannten „schwarzen Männern", hier vor ihren schwarz getarnten Maschinen.
The requirement for a successful combat mission is an aircraft in pristine technical condition, which would not let the aircrew down, even in difficult situations. An important part of the success were the "Schwarze Männer" (men in black), Luftwaffe maintenance personnel clad in black coveralls, seen in front of their Heinkel mounts.
(AirDOC)

Da die Lufttransportkapazität der Transportgeschwader allein mit der Ju 52/3m oder den zu wenigen Großtransportern nicht ausreichte, wurde – vor allem hinter der Ostfront – Nachschub oftmals von der He 111 H geschleppter Lastensegler herangeschafft. Die hier gezeigte DFS 230 war mittels einer Starrschlepp-Einrichtung mit der Schleppmaschine verbunden. Innerhalb des die Maschinen verbindenden Rohres befand sich auch eine Sprechleitung für den Kontakt zwischen den Piloten.
As the air transport capabilities of the Ju 52/3m were insufficient especially at the eastern front – supplies were brought into the forward areas by cargo gliders towed by He 111 H. The DFS 230 gliders were connected to the tug aircraft via a fixed two-bar aperture. The intercom between both aircraft was located within the tow-bar wiring.
(Fraport)

Ein schönes fast friedliches Flugbild einer He 111 P über dem Zentralmassiv der Alpen. Möglicher Weise handelt es sich um einen Überführungsflug, der B-Stand ist ohne Bewaffnung.
A beautiful shot of He 111 P coded E in flight, from an unknown unit taken over the central Alps. Most likely, during training flight, noted by the absence of defensive armament in the upper rear gun position (B-Stand).
(AirDOC)

Besonders nachteilig wirkte sich bei der He 111 P-1 und P-2 aus, dass keine schweren Abwurflasten mitgeführt werden konnten. In den acht im mittleren Rumpf eingebauten Vertikalmagazinen konnten lediglich bis zu acht SC oder SD 250 mitgeführt werden. Gut sichtbar unterhalb des A1-Stands ist das Lofte Bombenvisier zu erkennen.
A severe disadvantage of the P-2 and P-4 variant, was the inability to lift heavy loads. Inside the eight vertical bomb racks, up to eight SC or SD 250 bombs could be carried. Note the Lofte aiming device below the frontal gun position (A1-Stand).
(AirDOC)

Mittels eines massiven Dreibeins konnten unter auch unter eingeschränkten Feldbedingungen Motoren angehoben und gewechselt sowie zu Bruch gegangene Einsatzmaschinen geborgen werden. Bis auf den Posten und einen Obergefreiten der Luftwaffe scheinen die Arbeiten bei der II./KG 26 von zivilen Kräften durchgeführt worden sein.
With the help of a massive tri-pod, crashed aircraft were raised, so heavy equipment such as engines could be salvaged, even under field conditions. Apart from a military guard and a corporal, all salvaging labour of this bellied-in aircraft, from II./KG 26, was conducted by civil personnel.
(AirDOC)

Diese He 111 H-1, die zur dritten Staffel innerhalb der I. Gruppe des KG 51 "Edelweiß" gehörte, ging nach der erfolgreichen Landung infolge zur starker Betätigung der Bremsen in den Kopfstand. Die 9K+JL gehörte zu den frühen He 111 der Gruppe und wurde im Laufe des Einsatzes mit einer verbesserten Bodenwanne versehen, die zusammen mit dem nach vorne gerichteten A-Stand, die Verteidigungsmöglichkeiten gegen frontal angreifende Jagdmaschinen erheblich verbesserte.
A He 111 H-1 from 3. Staffel (I. Gruppe) of KG 51 "Edelweiß" nosed over due to heavy breaking following touch-down. He 111 coded 9K+JL was one of the first Heinkel bombers to reach the unit. During its service, the aircraft was equipped with an improved ventral gun position, including a forward facing gun. Together with the gun within the nose glazing, it increased the protection against fighters attacking from head-on.
(AirDOC)

Ab Spätsommer 1940 war die I./KG 27 mit ihren He 111 H-1 bis H-3 im Einsatz über Westeuropa. Der Nachtbomber weist eine intensive Oberflächentarnung auf, wie sie bereits bei anderen Maschinen des Verbands bekannt ist. Der Bomber war bereits mit einer durch zwei MG 15 in den Seitenfenstern verstärkten Bewaffnung versehen worden.
During the final weeks of the summer of 1940, I. Gruppe from KG 27, performed missions over western Europe. The night-bomber aircraft had an intensive additional paint job in black on the standard two-tone green/black green upper surfaces. The aircraft's defensive armament had already been increase by two additional guns firing through the windows of the fuselage sides.
(Mathiesen)

Nach dem diese Heinkel He 111 P mit einem Kopfstand zum Stehen kam, beraten die anwesenden Warte das weiter Vorgehen, um eine zusätzliche Beschädigung der verunfallten Maschine zu vermeiden.
After this nosed-over He 111 P came to a rest on its cabin, the "Schwarze Männer" of the technical unit are discussing the next steps. **(AirDOC)**

Die Maschine der III./KG 30 kam mit zerschossenem Leitwerk und etlichen Rumpftreffern vom Einsatz über England zurück. Auf einem Acker in Frankreich glückte die Bauchlandung, bei der die Maschine, speziell die Unterseiten leicht beschädigt wurden. Gleiches galt für die Propeller und vermutlich auch die Motoren, die bei solchen Landungen oftmals in Mitleidenschaft gezogen wurden.
This aircraft of III./KG 30 returned from its mission over England with a badly shot-up tail and rear fuselage hits. The pilot was able to successfully belly-land the aircraft in a French field, causing additional damage to the lower fuselage and the engines.
(AirDOC)

Über Frankreich ereilte das Schicksal die Besatzung dieser He 111 H-1. Die Maschine musste nach heftigem Jägerbeschuss auf freiem Feld notlanden. Soweit es ging, wurde von den Piloten dazu ein ebenes, in der Nähe von gut befahrbaren Straßen gelegenes Terrain ausgewählt.
Over France, fate struck home for this He 111 H-1, which had to do an emergency landing in the wide open after numerous hits from enemy fighters. Usually the pilot tried to select a plain and un-obscured field close to a well-used street.
(Griehl)

Betankung einer He 111 mit Hilfe eines erbeuteten Tank-Sattelaufliegers der niederländischen Luftwaffe. Die Zugmaschine ist ein Ford 3-Tonner Typ 01T aus holländischer Lizenz-Produktion, der Tank-Sattelauflieger stammt von DAF. Das eigentümliche System mit den vier, recht weit auseinander stehenden Rädern in einer Reihe war ein DAF-Patent, nannte sich "Federgewicht-Auflieger" und hatte einen Zentralrohr-Rahmen.

A captured Luchtvaartafdeeling (Dutch Army Aviation Group) 3-ton Ford Type 01T (with a DAF central-well chassis semi-trailer) refueling truck is used to refuel a He 111 P in early 1940, at a Dutch airfield.
(Heinkel)

Die in Kleinserie hergestellte He 111H-8 mit Ballonabweiser. Bei einem Teil der Produktion handelte es sich um umgebaute H-5 Flugzeuge. Es kamen nur relativ wenige Maschinen bei Angriffen auf wichtige Ziele, zumeist in Südengland zum Einsatz.

Two Images of a rare He 111 H-8 with the large cable-cutting device to counter barrage balloons – these aircraft were converted H-5 airframes. Only a few aircraft were used, mainly against very important targets in southern England.

(AirDOC)

Vor der Abnahme in Marienehe werden die DB 601 Motoren nochmals genauestens durchgesehen, ehe der Einflug und die Bauabnahme erfolgen kann. Gut sichtbar ist das Gestell, an dem die Außenverkleidung – auch unter Feldbedingungen – leicht anzubringen und abzunehmen war.

Before hand over at the Merienehe Heinkel factory, the DB 601 engines of these He 111 are thoroughly checked before the acceptance flight. Note the framing of the engine cowling, which allows, for a quick access to the engine.

(AirDOC)

Die aerodynamisch hervorragende Gestaltung des Rumpfbereichs zeichnete die He 111 P und H in besonderem Maße aus. Die Aufnahme gehört zu einer ganzen Sequenz, welche bei der abschließenden Durchsicht einer He 111 P-1 aufgenommen wurde und besonders den Motorenbereich freigibt.

This image, from a series of Heinkel PR-photographs, was taken during engine installations of He 111 P-1 aircraft at Marienehe. This illustrates the aero dynamical design of the He 111 P- and H-variant.

(Heinkel)

Während der Bereitstellung zu einem weiteren Pfadfindereinsatz über England warteten mehrere Angehörige des Bodenpersonals auf der Maschine auf die nächsten Anweisungen, nachdem sie die Planverglasung gereinigt hatten. Im Innern der Kabine ist die "Bombenuhr" des X-Gerätes, einer Navigationsanlage, neben dem Platz des Beobachters gut zu erkennen.
Airmen are seen awaiting orders after having thoroughly cleaned the nose glazing of this KGr 100 "Viking" He 111. The unit was tasked with pathfinder missions over England. Note the instruments of the X-measuring navigational device, the so-called "Bombenuhr" located to the right of the observer's seat.
(Götz)

Diese He 111 H-3 der KGr 100 verfügte über eine sogenannte Y-Anlage, mittels der die präzise Ansteuerung weit entfernter Orte mit größtmöglicher Genauigkeit möglich wurde. Als Abwurflast trug die Maschine eine SC 1800. Im vorderen Teil des C-Stands war anstelle des MG 15 ein schwereres MG 131 – vermutlich ein Truppenumbau – installiert, das vor allem dem besseren Schutz von Maschine und ihrer Besatzung diente.
This He 111 H-3 from KGr 100 was equipped with a Y-measuring device, which allowed the precise navigation to distant targets at the full extent of the He 111 combat range. The aircraft is loaded with a single SC 1800, while the forward facing gun position of the ventral tub (C-Stand) had been field converted with a MG 131 13mm gun to increase defensive armament.
(Balke)

Im Frühjahr 1940 flog die 2. Staffel der Kampfgruppe 100 Einsätze über Norwegen. Die hier gezeigte He 111 H-3 des Verbands befindet sich nach dem Abheben gerade im Steigflug. Auf dem Rumpf sind drei Antennen zu erkennen, welche die Maschine als Zielfinder auch äußerlich kenntlich machen.
In the spring of 1940, 2. Staffel from KGr (Kampfgruppe) 100 flew missions against targets in Norway. The depicted He 111 H-3 climbs from the airfield shortly after taking off. The three antenna masts identify the bomber as pathfinder aircraft.
(Rauchbach via Griehl)

Einen ungewöhnlichen Anstrich weist diese He 111 H-3 der I./KG 27 während der Nachtangriffe auf Ziele in England auf. Der bisherige Tarnanstrich wurde mittels einer schwarzen Bändertarnung für den bevorstehenden Nachteinsatz angepasst. Alle hellen Stellen auf beiden Rumpfseiten, dem Seitenleitwerk sowie der Unterseite wurden mit schwarzer Sichtschutzfarbe gestrichen, um weniger schnell von der Flak oder Nachtjägern aufgefasst zu werden.
A He 111 H-3 from I./KG 27, sports a rather unusual camouflage for night attacks over England. The standard three-tone camouflage is comprised of: RLM 65 Hellblau (Light Blue) for the lower surfaces, with variegated RLM 70 Schwarzgrün (Black Green) and RLM 71 Dunkelgrün (Dark Green) on upper surfaces. The aircraft has stripes and blotches of black water-soluble colour painted on top. In addition, all light coloured surfaces were toned down to avoid detection by searchlights and night-fighters.
(AirDOC)

Überflug einer He 111 P eines Ausbildungsverbandes in Deutschland mit der Kennung B+B unter den Tragflächen. Die Maschine scheint von den Flugschülern schon oft gequält worden zu sein, zeigen doch die Tragflächen extreme Rußspuren, die auf eine hohe Motorbeanspruchung schließen lassen. Beobachtet wird das Treiben von einer Bf 110 in sicherem Abstand ...
Fly-by of a He 111 P, coded B, of an unidentified training unit in Germany. Judging from the thick exhaust stains on the wings, the aircraft has been extremely "tortured" by the trainees. The crew of a Bf 110 monitors the activity from a safe altitude.
(AirDOC)

Start einer unbewaffneten He 111 P-2 zu einem Werkstattflug. Mit maximaler Motorleistung, die Klappen im richtigen Winkel, das Fahrwerk einfahrend gewinnt die Maschine mit dem Kennzeichen +GJ rasch an Höhe. Besonders auffällig sind die großen Balkenkreuze unter den Tragflächen.
Take-off of an unarmed He 111 P-2 for a test flight, after having received maintenance. With flaps set, engines at take-off power and retracting landing gear, aircraft +GJ quickly gains altitude. Of note is the large "Balkenkreuz" national insignia.

(AirDOC)

Diese He 111 P-4 flog bei der II. Gruppe des KG 4. Die Aufnahme entstand bei der 5. Staffel in Wien-Aspern. Der Flugplatz war damals zudem von Ju 52 und Ju 87 belegt. Die Maschinen kamen von dort während des Balkankrieges zum Kampfeinsatz. Der Bomber weist bereits zwei Außen-ETC auf, um schwere Abwurflasten wie die SC 1000 transportieren zu können.
This He 111 P-4 was operated by 5. Staffel from II. Gruppe KG 4 at Wien-Aspen airfield near Vienna, Austria. KG 4 shared its base with Ju 52 and Ju 87 Stuka aircraft, flying missions against targets in the Balkans. The bomber has already been upgraded with two external ETC bomb racks to carry heavy loads such as the SC 1000 (2,000lbs) bomb.
(Griehl)

Vor der He 111 H-3 der 1./KG 53 "Legion Condor" haben die Bombenwarte große Anzahl an SC 50, die zum Teil mit jeweils vier Jericho-Pfeifen bestückt waren, für den nächsten Einsatz aufgestapelt. Davor sind noch einige schwere Lasten zu erkennen, die mit einigem Reisig provisorisch gegen Luftsicht getarnt wurden. Unter den Flächen ist als Zeichen für die zwölfte Maschine der Einheit ein L unter den Außenflügeln aufgemalt.
Air men of KG 53 "Legion Condor" have piled-up SC 50, with Jericho-pipes attached to their fins and SC 250 bombs next to a He 111 H-3. The ordnance was hastily camouflaged by tree branches. The aircraft is coded with the letter " L", indicating that it is the 12th aircraft of the Gruppe.
(AirDOC)

Die I./KG 26 flog als Horizontalbomber zahlreiche He 111 H-3, ehe diese vor allem durch die leistungsfähigeren He 111 H-6 ersetzt wurden. Beim ersten Angriffsflug des Verbands über dem Mittelmeer gelang es am 11.11.1942 insgesamt 50 Heinkel Maschinen einzusetzen. Die hier gezeigte Maschine weist eine weiße Verkleidung beider Jumo-Motoren auf, die auf den Einsatz über dem Mittelmeerraum, insbesondere Nordafrika hinweisen.
I. Gruppe KG 27 used the He 111 H-3 as a horizontal bomber, before receiving the advanced H-6 variant. During the unit's first combat mission in the MTO (Mediterranean Theatre of Operations) on November 11, 1942, 50 aircraft were operational and participated in the attacks against allied shipping. The white engine cowlings indicate that the aircraft was used within the Mediterranean front, mainly in North Africa.
(Creek)

Diese als Nachtbomber eingesetzte Heinkel fällt durch ihre Spinnerbemalung besonders auf. Viele Hände sind notwendig um ein Kampfflugzeug sicher in die Luft zu bekommen, Gelegenheit für die schwarzen Männer für ein Erinnerungsfoto.
This Heinkel night-bomber featured some specially painted spinners. Many hands are necessary to get a combat aircraft airborne and to have it returned safely – time for the "Schwarze Männer" to take a snap shot.
(AirDOC)

Mit einer schweren SC 1000 Bombe war diese He 111 H-4 der 1. Staffel des KG 26 über Norwegen unterwegs. Die 1H+FH weist die übliche Defensivbewaffnung auf, wobei der nach vorne gerichtete Waffenstand in der Liegewanne unter dem Rumpf noch nicht mit einem MG 15 oder einem MG FF bestückt worden war.
Loaded with a heavy SC 1000 high explosive bomb, this He 111 H-4, coded 1H+FH from 1. Staffel KG 26, is over Norway en route to a target. It features the standard defensive armament, while the ventral gun position has yet to be fitted with a forward facing MG 15 of MG FF.
(Creek)

Mit einer einzelnen SC 1000 der späten Ausführung, wartete diese He 111 H-4 des KG 26 auf den nächsten Einsatz. Neben dem in Flugrichtung links angeschraubten Außen-ETC sind die Klappen der vier Vertikalmagazine zu erkennen, die noch einmal vier SC 250 oder SD 250 aufnehmen konnten. Zum Schutz vor gegnerischen Angriffen wurde die Maschine in einer Splitterschutz-Box abgestellt.
Loaded with a single SC 1000 bomb this He 111 H-4 from KG 27 is dispersed in its revetment protecting it from allied raids. Note the bomb bay doors located in flight direction port of the external ETC-rack. The vertically installed bomb racks could accommodate another four SC 250 (500 lb) bombs.
(AirDOC)

Nach dem Einsatz rollen die Maschinen zu ihren Abstellflächen, wo sie von den Männern des Bodenpersonals bereits erwartet werden.
After having landed, the aircraft are taxied back to dispersal areas where the ground crews eagerly await the safe return of their mounts.
(AirDOC)

Auf dem Weg nach Osten ist diese Besatzung einer He 111 H-4 dabei, Ostpreußen zu überqueren. Die Einsatzmaschine gehörte zur Wettererkundungsstaffel (Wekusta) 1. Der verwaschene Anstrich lässt erahnen, dass diese bereits damals etliche Einsatzflüge hinter sich hatte.
On its way to the east, the crew of this He 111 H-4 cross eastern Prussia. The aircraft formed part of Wekusta 1 (Wettererkundungsstaffel – Weather Reconnaissance Squadron). The worn out camouflage indicates that the aircraft saw a lot of action.
(AirDOC)

Bei der Wekusta 5 flogen unterschiedliche Ausführungen der He 111, darunter auch mindestens eine der Ausführung H-3. Die Maschinen wiesen zum Teil eine leicht geänderte Funkanlage auf, die für den Fernbetrieb ausgelegt war. Darüber hinaus besaßen die Wetteraufklärer eine meteorologische Sonderausstattung mit den entsprechenden Mess- und Aufzeichnungsgeräten, von denen ein Teil auf der in Flugrichtung linken Seite des Cockpits untergebracht war.
Wekusta 5 used a multitude of He 111 variants in the weather reconnaissance role, including this He 111 H-3. It featured specialized meteorological equipment installed on the lower port portion of the nose glazing, to collect and evaluate weather data. In addition, the aircraft changed the radio set to allow long-range communication with ground stations.
(Creek)

Eine der wenigem Ruhepausen werden von der Besatzung und dem Bodenpersonal für eine Erinnerungsaufnahme genutzt. Die mit drei Antennen ausgerüstete He 111, ist als Zielfinder im sogenannten X-Verfahren eingesetzt worden. Das sind Angriffe mit Hilfe von Leitstrahlen, bei Nacht oder geschlossener Wolkendecke, mit elektronischer Zielortbestimmung.
Short breaks between combat missions were used to relax and take some photographs for the families at home. This pathfinder role He 111 is equipped with three antennas for the X-procedure. Navigation was effected by following the radio beams of two emitters located several hundred miles apart. The crossing point of the beams gave the bomb release point, even during night or when covered by clouds.
(Hoppe)

Winter 1940: diese Heinkel He 111 H einer Flugzeuführer C-Schule ist bereits mit zwei externen PVC 1006 L versehen. Man beachte die Teilkennung GC+, die starke Verrußung auf den Tragflächenunterseiten und eine, im Bildhintergrund abgestellte, Heinkel He 46.
Winter 1940: this He 111 H of a C-flying school had already been equipped with two external ETC-1000 bomb racks. Note the partial code GC+ and heavy exhaust staining on the wings. In the background, an un-camouflaged He 46 awaits use
(AirDOC)

Mit Hilfe eines HANOMAG-Traktors wurde die Maschine mit der Teilkennung ..+DA (sehr wahrscheinlich 1G+DA) zu ihrem Abstellplatz geschleppt, anschließend fest verzurrt und mit Planen zum Schutz vor Schnee und Eis abgedeckt.
With the help of a HANOMAG tractor, +DA (most probably 1G+DA) coded He 111, is towed to its parking position and secured. During winter, tarpaulin covers were an absolute must to protect the sensitive equipment from damage.
(AirDOC)

Am 22. Juni 1941 begann das Unternehmen Barbarossa – der Angriff auf die Sowjetunion. Schon im Spätsommer waren die deutschen Streitkräfte weit auf russisches Territorium vorgedrungen und begannen eroberte Flugplatze für eigene Zwecke zu nutzen. Die hier zu sehende He 111 H mit dem Buchstaben „F" erhielt neben dem gelben Rumpfband, welches die Maschine als Teilnehmer am Krieg im Osten identifizierte, einen sehr wahrscheinlich roten Rumpfstreifen direkt hinter dem B-Stand.
On June 22, 1941, the OKW initiated 'Operation Barbarossa' – the attack on the Soviet Union. By late summer, German troops had advanced far into Russian territory, operating from captured and repaired Russian airfields. This He 111 H, coded F, has in addition to the yellow eastern front identification stripe, a red fuselage band just aft of the rear gun (B-Stand) position.
(AirDOC)

Beim KG 51 flog die He 111 H-4 (9K+F) zusammen mit der Ju 88 von der mindestens drei auf demselben Platz abgestellt sind, ihre Einsätze. Die Maschine gehörte zur 1. Staffel der I. Gruppe. Interessant ist der Ju 88 C-6 „Zerstörer“ der Eisenbahnbekämpfungsstaffel des KG 51 im rechten Bildhintergrund.
He 111 H-4, coded 9K+F, assigned to 1. Staffel from I. Gruppe of KG 51, together with Ju 88 aircraft, operated from the same base. Of note is the Ju 88 C-6 Zerstörer aircraft from Eisenbahnbekämpfungsstaffel (train destroyer squadron), seen on the right.
(AirDOC)

Schöne Flugstudie einer mit MG FF im A-Stand ausgestatten Heinkel He 111 H-4. Hier hat die Zensur ganze Arbeit geleistet: von der Kennung blieb nur +CC übrig, was sie als zugehörig zum Stab einer II. Gruppe identifiziert.
A nice in-flight shot of a He 111 H-4 equipped with a MG FF in the A-Stand. The censorship had erased the letters identifying the unit, only the partial +CC code (Stab from II. Gruppe) remains.
(AirDOC)

Die He 111 spielte während des Russland-Feldzuges auch als Transportflugzeug eine für die Bodentruppen ganz besonders bedeutende Rolle. Nicht nur Nahrung, Munition und Ersatzteile wurden mit den Maschinen bewegt, sondern auch bei den Verbänden dringend benötigte Abwurflasten. Dies lag daran, dass längst nicht genügend Ju 52/3m vorhanden waren. Die hier gezeigte He 111 H gehörte zur 1./KG 27 und trug die Kennung 1G+BH.
The lack of more suitable Luftwaffe transport aircraft resulted in the He 111 pressed into the transport role. The He 111 played an important part in the support of ground troops during 'Operation Barbarossa'. The He 111 was able to drop desperately needed supplies including ammunition, spare parts and food. This 1G+BH coded aircraft was part of 1. Staffel (I.Gruppe) KG 27.
(AirDOC)

Beim KG 1 flogen während des Russland-Feldzugs diese He 111 H-5 mit den für das KG 1 typischen Propellerhauben. Vor den Einsatzmaschinen liegen Berge von Abwurflasten, was auf einen kurz bevorstehend Einsatz schließen lässt. Ein Teil der Bomben ist mit Jericho-Pfeifen ausgestattet, um die Moral der bekämpften Einheiten schneller zu erschüttern.

KG 1 operated this He 111 H-5 featuring segmented painted spinners, while operating on the eastern Front. The colour usually identified the squadron within the Gruppe. Tons of high explosive bombs and ordnance are piled up, indicating that a major attack on Russian positions was imminent. Several of the bombs have been fitted with so-called Jericho-pipes, which would demoralize enemy ground troops by its noise. **(AirDOC)**

Ein Werkstattflug mit einer Maschine des KG 26, nur so lässt sich das fehlen der Bewaffnung erklären.
The absence of any defensive armament indicates that this aircraft from KG 26 is conducting a test or training flight.
(AirDOC)

Ebenfalls zum Bestand des KG 51 gehörte diese He 111 H-4 (9K+C), in deren Liegewanne ein MG FF zum Beschuss von Bodenzielen angebracht war. Im Hecksteiß ist ein starres MG 17 eingebaut, um sich so angreifende Jäger ein wenig auf Distanz zu halten.
He 111 H-4, coded 9K+C, was assigned to KG 51. Note the forward facing MG FF installed in the C1-Stand, which could also be used for strafing of soft targets on the ground. Below the rudder, a fixed MG 17 was mounted to thwart rear attacks.
(AirDOC)

Bei der 1. Staffel des KG 4 flog die 5J+JH. Die He 111 H-4 wurde im Winter 1941/1942 über der Ostfront eingesetzt. Da der Verband gelegentlich auch Bodenziele im Tiefflug zu bekämpfen hatte, war der A1-Stand mit einem MG FF bestückt. Zur Abwehr gegnerischer Jäger, die im Lauf des Winters 1942 in spürbar größerer Anzahl auftauchten, sollten vorerst mehrere MG 15 genügen.
First Squadron from KG 4 operated this H-4 variant of the bomber aircraft during the winter of 1941/42. As the unit was tasked with combat air support and strafing runs, the aircraft's A1-Stand was equipped with a 20mm MG FF.
(AirDOC)

Die mit einer SC 1000 Sprengbombe zum Start vorbereitete Maschine mit der Kennung A1+BT des 9./KG 53 war im Raum Leningrad eingesetzt.
Loaded with a single SC 1000 high explosive bomb, He 111 A1+BT from 9. Staffel (III. Gruppe) of KG 53 is readied for take-off. The unit operated against targets in the Leningrad sector.
(AirDOC)

Beim KG 51 entstand diese Aufnahme einer He 111 H-4, in deren A-Stand ein MG FF installiert war. Auf der Kabinenoberseite ist eine verkleidete Öffnung zu erkennen, die Platz für ein zusätzliches MG 15 bot. Die gelben Flächenenden weisen auf den Einsatz an der Ostfront hin. Vor der Maschine liegt eine SC 1000, die aus Zeiten vorangegangener Nachteinsätze teilweise eine schwarze Tarnung aufweist.
A "Scharzer Mann" has a break on top of a black camouflaged SC 1000 bomb next to a MG FF equipped He 111 H-4 of KG 51. The bottom of the outer wing portions are painted in yellow, indicated operations in the east. The covered cavity on cabin top allows the installment of an additional MG 15 for self-defense.
(AirDOC)

Ein Absprungplatz für die Versorgung des Kessels von Demjansk. Hierfür werden neben Ju 52 und He 111 P/H auch He 111 E mit der Stufenkanzel eingesetzt. Weiter sind auf dem Platz noch die Flugzeugtypen Fw 58, Ju 34 und Bf 110 zu sehen.
Heavy activity on an airfield in central Russia – Ju 52, He 111 P/H and some older He 111 E with stepped cockpits are readied to drop goods to support German ground troops caught in the pocket of Demjansk. Besides the transports and bombers some Fw 58 Weihe, Ju 34 and Bf 110 Zerstörer can be seen.
(AirDOC)

Die He 111 H-3 mit der WerkNr. 3306 war Teil der 9./KG 26. Das Bodenpersonal hat die Anzahl der mit der Maschine geflogenen Einsätze in Form von Strichen auf dem Seitenleitwerk verewigt. Die 1H+LT gehörte zu einem Baulos von 58 Flugzeugen, die ab August 1940 vom Band liefen.
He 111 H-3 coded 1H+LT assigned to 9. Staffel (III. Gruppe) KG 26 and carried the construction number 3306. The aircraft formed part of a production block of 58 bombers produced in August 1940. Note the mission markings on its tail.
(AirDOC)

Uff Uff! Winnetou auf dem Kriegspfad.
Uff, uff – Winnetou the apache on the warpath...
(AirDOC)

Detailansicht der 1G+GA, die zum Gruppenstab der I./KG 27 "Boelke" gehörte. Wie etliche der Maschinen, trug auch dieser Bomber – wohl für Aufnahmen der Wochenschau – oberhalb des C-Stands große Karikaturen, die während der Luftangriffe auf London und Südengland auf die Einsatzziele hinweisen sollten.
Close-up shot of He 111 coded 1G+GA from Stab I. Gruppe KG 27 "Boelke". During the Battle of Britain, for PR-reasons, many of the unit's aircraft had colourful nose art applied to the fuselage sides.
(AirDOC)

"Schwein muss man haben". Das dazu gehörige Borstentier mitsamt der Aufschrift fand sich auf einer Einsatzmaschine der I. Gruppe des KG 27, die im Winter 1940/41 auf dem Flugfeld von Langenhagen bei Hannover, abgestellt war.
"Sometimes you must have luck" – indicated by the pig and Inscription painted onto a He 111 from I./KG 27. The aircraft was photographed during the winter 1940/41 at Hannover-Langenhagen airport in central Germany.
(Jonas)

Diese He 111 H-5 oder H-6, welche die Werknummer 3969 am Leitwerk aufwies, war zuletzt an der Ostfront eingesetzt. Dort wurden zwei gegnerische Jäger, jeweils kenntlich gemacht durch einen roten Stern, von den Bordschützen abgeschossen. Zuvor diente die Maschine der Schiffsbekämpfung. Hierbei gelang es der Besatzung ein Schiff von 1.900 BRT, ein zweites von 11.600 BRT und ein drittes von 11.900 BRT wirksam zu treffen.
Scoreboard of a He 111 H-5 or H-6, construction number 3969, operates above the Russian front – two fighter aircraft fell victim to the skills of the gunners. Before their deployment to the east, the crew sunk three ships, one with 1,900 BRT, one with 11,600 BRT and a third with 11,900 BRT of weight.
(AirDOC)